JN111549

# コンゴ共和国
# マルミミゾウとホタルの行き交う森から

増補改訂版

西原智昭
NISHIHARA Tomoaki

現代書館

# プロローグ

「死」が目前に迫っていた。でも不思議と恐怖感はなかった。唇が多少乾いた以外はパニックにさえならなかった。「あーあ、こんな形で死ぬのか、しかしまだ何もやってないよな」とぼくは心の中でつぶやく。セスナの燃料計は完全にゼロを指していたのだ。唐突であった。それに気付いたぼくは操縦席にいるマイク・フェイに知らせる。"Fuck me, men!（こんちくしょうめ！）"を繰り返しながらも、マイクは冷静にわずかだが残っている燃料の蒸気を出そうと燃料レバーを前後に動かしている。まだエンジンは辛うじて動いていていてプロペラも回っているがその回転は一定していない。"Sorry, Tomo, we are fucked up. Are you scared？（申し訳ないな、トモ、俺たちはダメみたいだ。恐いか？）"とマイクはぼくに話しかけ、ぼくは普通の声で"But, no way, Mike（いいや仕方ないぜ、マイク）"とだけ応える。静かにではあるが高まる心臓の鼓動の中で、近付く死を知らせる。

WCS*のマイク・フェイは、一九九一年からコンゴ共和国において政府のパートナーとして、同国ヌアバレ・ンドキ森林区の国立公園化に尽力したアメリカ人野生生物研究者であり、優秀なセスナ・パイロットでもあった。飛行経験は豊富で飛行中に燃料を切らすような無計画な飛行は決してしない。一九八九年から同国立公園で野生ゴリラの調査を手がけてきたぼくは、このマイクのもと一九九七年から二年間、国立公園のマネージメントの仕事にも携わってきた。そして一九九九年、ぼくはマイクの操縦するセスナの助手席に座っていたのだ。国立公園の基地から隣国ガボンの首都リーブルビルに行くためである。

眼下には変わることなく広大なアフリカ熱帯林が広がっている。まだこの辺には伐採の手は伸びていないのであろうか。上空から見える森には緑豊かな色が映える。マイクは落ち着いてリーブルビルの空港にSOS交信を続ける。われわれはリーブルビルまでおよそ一〇〇キロの距離にいた。しかし熱帯林の真ん中にあっては、"We cannot pass the forest area（この森林地帯を抜けるのは無理だ）"とマイクは絶体絶命の危急を空港管制塔に告げる。このまま熱帯林の中に激突か。近くには村も町も見えない。親も友人もWCSの人たちもどうやってぼくらの事故と死を知りうるのであろうか。奇跡的に助かったにしても、ぼくはどうやってどこに向かえばいいのだろうか。わずかな水を持っているだけで食料はない。そんなことを思い始める。

「あの先方の森林地帯を越えれば川があるはずだ」とマイクは言う。最後のわずかな希望に託す。森に激突するよりは川に不時着する方がまだ助かる見込みはある。管制塔は近くの町の空港の位置を教えてくれる。しかし燃料の切れた機体はそこまでは辿り着けないとマイクはいらつく。燃料はマイクとぼくの目の前で前日に満タンにしたはずだ。マイクもはじめは燃料メーターが壊れただけだと解釈していた。燃料計のプラスチック・カバーを何度も叩く。計測器の単純な機械的な故障なら針が正常に戻るかもしれない。だが残念ながら燃料が切れたのは事実のようであった。

「神風よ、吹け」、ぼくは何度か繰り返し心に念じる。ほとんど助かる見込みのない状況で、何かにしがみつきたかったのかもしれない。それまでアフリカで研究や熱帯林保全の仕事をしてきたが、病気になっても大病になったことは一度もなかった。一九九六年に森の中でゾウの鼻に巻かれたときの事故でも、一九九七年に起きたコンゴ共和国内戦の銃撃戦の中でも、死にもしなければ怪我すらしなかった。だから今回も死ぬはずはないのだと確信したかった。マイクも「いまはまだ死にたくない」と独り言を言う。

幸い機体は最後の森の峠を越えようとしていた。川が向こうに見える。森林の中に未舗装の道路も見えてきた。伐採会社の木材搬出用道路だろう。管制塔は「近くの森の中に古い森林伐採会社の空港があるはずだ」と別の可能性を指示してくれる。ぼくはそのとき、越えたばかりの森の裾野に長く開けた場所を見つけた。草原のようである。"Mike, that's it（マイク、あれだよ）"と告げると、マイクは現在の経度・緯度を冷静に計測し、そこが首都の管制塔から伝えられた「古い空港」であることを確認する。マイクは機体を一度旋回させ、そこが着陸可能な場所であるかどうか観察する。仮に「古い空港」であってもいまはどういう状況かわからない。ましてやもしそこが沼地であれば滑走できないからだ。そこへ着地すれば機体破損、間違いなく「死」を意味する。

草がぼうぼうに生えていて多少の小木がある以外は、着地に問題がなさそうだ。ぼくはマイクを信頼した。生きるか死ぬかもマイクの操縦の腕しだいなのだ。ここに強制着陸するしかない。選択の余地はない。機体は高度をグングン下げ着陸態勢に入る。地上が近付くに従い、ひどい草地であるのが如実に見えてくる。草の丈はセスナの機体の高さをはるかに上回っている。しかしもう引き返せない。機体は草地に突っ込むようにいざ不時着へ。見事なタッチダウン。小型セスナとはいえ、さすがに飛行機のスピードは速く、滑走で草や小木は次々になぎ倒されていく。すると目の前に壁のような深い藪が見えてきた。しかし機体を止めることはできない。ぼくらはそこに突っ込んでいった。急ブレーキのようなショックを感じ、からだは前のめりになっていった。

ぼくらは助かった。幸い怪我すらしなかった。マイクの最初の一言は、「プロペラはまだ回っているぜ」。強烈な不時着をしたのにエンジンは正常のようだ。そしてぼくを心配してか、「まだ腕や脚はついているか?」と笑みを浮かべて尋ねる。"Yes!" とぼくも笑って答える。ぼくらは外に出て大きく息を吸う。そして一時間くらいのうちに、SOS信号を送り続けた首都の管制塔の指示を受けてか大統領府のヘリコプターが現場に送られてきた。とりあえず事故機は現場に残し、ぼくらは無事首都リーブルビルに向かうことができた。

後日、ぼくはこの不時着地に地上からアクセスし、近隣の村人を雇ってこの古い草地の空港を山刀で開いた。マイクは燃料を手に入れ、それをいくつかの小タンクに入れて同じくその地にやってきた。機体を点検し始めたマイクは、前回同じ飛行機を使った研究者がカメラを取り付けたときの翼のかすかな穴から燃料が漏れていたのを発見した。それを修繕し燃料を入れ、飛行機は無事に再度離陸することができた。

ぼくはこの経験を、死を危うく免れた英雄談として披露する気は微塵もない。森の中に墜落せずに済んだのは森林伐採会社が以前その場所に滑走路を造っていたからにほかならない。皮肉といえば皮肉である。伐採などの開発業とは立場を異にする「保全業」に従事するわれわれ二人の命が伐採会社の残していった旧滑走路によって救われたのである。熱帯林の真ん中にそうそう楽に不時着できる草原はない。もしその地域で伐採業が営まれていなかったら、われわれは不時着する場所も見つからないまま熱帯林の中へ激突していったか、一縷の望みを託して川へと突っ込んでいったのだろう。

熱帯材目的の森林伐採は環境破壊にはちがいないが、地域・国家の経済発展、雇用の拡大による貧困防止、道路や病院、学校、そして滑走路等のインフラ整備など、自然保護の側からの「伐採は悪い」という一方向の感情論だけでは済まされない面があるのを忘れてはいけない。われわれの命の引き換えとなったともいえる伐採業の存在。自然利用なしで人間は生きられぬ、それを象徴する出来事であるともいえるのかもしれない。問題はそれをいかに「マネージメント」していくかにかかっているといっても過言ではない。

現代に生きるすべての人類は、程度の差こそあれ、開発による恩恵をこうむっている。初期人類の狩猟採集生活に始まり、われわれの社会は野生生物など自然を利用する仕組みを持つに至った。それは疑いようのないことである。伐採業の例をとるにしても、われわれが日常生活で必要としている木材は植物という生命から得ているのは明らかである。問題は利潤追求の欲望が高じて、必要最小限以上の開発を行ってしまう点にある。その結果、野生生物の生息域は急激に減少し、ある野生生物種は急速に絶滅の危機に陥る。それは地球環境にも影響を及ぼす。

一見われわれ日本とは遠い世界で起こっているアフリカ熱帯林の環境問題や野生生物保全の現実と、その地球規模での結末。しかもそれは日本人にはほとんど知らされていない。しかしぼくは日本人であるからこそ、それを日本に住む人たちに知らせていく責務がある。マルミミゾウがゆったりと行き交う森、樹冠のはるか高みにホタルが宿る森、森の先住民が依拠する森。そこに通底する素朴でゆるぎない自然のシナリオ。経済発展のための伐採などの人間による開発業と野生生物保全や国立公園管理などは両立し得るのであろうか。本書の場を通じて、メディアでも知らされず学校でも教わらないこうした地球の現実と課題の一コマを、日本と関連した課題も提供しながら、少しでも多くの方に理解していただきたいと思い筆を執った。

＊ＷＣＳ（Wildlife Conservation Society）ニューヨークに本部を置く国際野生生物保全ＮＧＯ。調査や包括的な保全活動、教育などを通じて、世界中の野生生物と野生の地を保全する。自然界に対する人間の考えを進展させ、野生生物と人間とが調和の中で生きていけるための道標を示す（www.wcs.org）。

# 1　熱帯林とゴリラとの出会い

## アフリカ熱帯林という場所への序曲

アフリカといえば、乾燥した草原地帯に動物がいて、しかも酷暑で飢餓や病気が蔓延している世界、内戦などで政情が安定していない危険な場所。多くの日本人が抱くアフリカのイメージはそうであろう。いまだに「暗黒大陸」という者さえいる。こうした先入観に満ちた言葉でしかアフリカを語れないのは、端的に情報がないからである。アフリカはそれだけではないといっても、日本ではメディアからの確かな情報はないし、学校の教師も情報を持ち合わせていないから、現行の日本の教育制度の中では小学校から大学まで「真のアフリカの姿」を学ぶ機会はない。

アフリカには湿度の高くじめじめとした、そしてときには寒さを感じるくらい気温が下がる、しかも見通しの悪い鬱蒼とした熱帯林地域がある。それはアフリカ中央部に位置している。長い人類の歴史の中で人の手から免れてきた原生の熱帯林。一切人工的な音のない静寂な森。樹冠からこぼれる木漏れ日が地上に降り注ぐ。その筋状の光に映えてまばゆいばかりに輝く雨の後の新緑の葉。たった一人で森の中にたたずんでいると、そうした熱帯林の大地に思わず伏せたくなるような自然な衝動。明かりのない闇夜のキャンプを照らす三日月。樹冠の間から垣間見える澄み切った夜空の星々。まるで人工衛星のように高い木々の間を渡っていく無数のホタル。凶暴でうっとうしいと感じざるを得ないあまたの虫。一〇〇％に近い湿度で、洗っても乾かない服。干し魚とキャッサバという現地のイモ類が基本の食生活。直径一メートル以上ある木をなぎ倒す激しい雷雨。足を踏み外せば沈んでいく沼地の連続。猛毒のヘビもいて病気や大怪我をすれば帰る手段のない奥地。水道も電気もなく携帯電話もネットも通じない。

そこにゴリラがいた。静かな気性で大きな体軀を持った、われわれ人間の近縁種。不器用だが、きれい好きで、隣のグループ同士ともいたって友好的なゴリラ。「バイ」と呼ばれる湿地性草原（三九頁参照）へ向かっていくとき、走りながら発する喜々とした声。バイでは泥沼に肩まで浸かりながらも幸福そうに目を細めて大好物の水草を食べているゴリラ。ぼくがアフリカの大地に初めて入り、コンゴ共和国の熱帯林ンドキにて野生ニシゴリラの生態研究を始めたのは一九八九年のことだった。

ゴリラだけではない。チンパンジー、幾種類ものサル、マルミミゾウ、アカスイギュウ、カワイノシシ、ダイカー（レイヨウ類／ウシ科の小型動物）、ヒョウなどが森にはいる。無知で不

辛うじて日の光が見える森の中

湿地性草原“バイ”でのゴリラの家族。左側にいるのが家族の長シルバーバック。ほかはそのメスと子どもたち

案内な新参者であったぼくは、森をよく知っている狩猟採集先住民と、そうした動物たちを追って森の中を歩いた。彼らの経験と知識を頼りに、森の植物や昆虫のことも知っていった。

## ゴリラは〈うたう〉のか

一九八九年八月一九日。昼の一二時五九分、「ザザー」という大きな動物が動いたような巨大な音に続き「グギャー」と耳をつんざくような騒ぎが響き渡る。一瞬ゾウとも思われたが、森のガイドである先住民はこの悲鳴に似た声の持ち主はチンパンジーだという。声が聞こえた方へ近付いていくと、ほぼ同じ方角から今度は「ポコポコポコポコ…」とゴリラのドラミング（胸叩き）が聞こえる。さらに接近すると、果たしてゴリラたちに出くわした。二〇頭くらいのグループだ。どの個体も異様に興奮している。三頭の大きなゴリラが別々の木を一気に一五メートルくらいまで登り、こちらを見下ろしてはさかんにドラミングを繰り返す。彼ら以外に赤ん坊を抱いたメスなどがいたが、いち早く地上の藪向こうに去って、もう姿は見えない。

ゆっくりと観察するいとまもなく、突然激しい雨が降ってきた。雷が激しく轟く。木の上のゴリラたちは、強い雨にただうずくまり「ヴワー」と力なく声をあげるばかりだ。その音声を発する調子は雷の重低音にあたかも呼応しているかのようであった。さらに強まる雨足に、ぼくもガイドもその場を撤退せざるを得なかった。

ガイドの先住民たちによると、あの騒ぎはチンパンジーとゴリラが喧嘩をしていたためだという。チンパンジーが発したらしい悲鳴に似た叫び声とゴリラのドラミング、大きな動物たちが一瞬すさまじく動き回ったことを連想させる木々の揺れ。これらがほぼ同時に同じ方角から、そして同じような距離から聞こえてきたこと、実際に目の当たりにしたゴリラたちの異常な興奮状態を考え合わせると、先住民たちの証言は正しかったのかもしれない。コンゴ共和国の森はゴリラとチンパンジーが同所的に、しかも両者ともかなりの高密度で生息している森なのである。こうした事件が起こりうる可能性は十分にあるのだ。

アフリカ中央部西側に位置するコンゴ共和国。フランスが旧宗主国であり公用語はフランス語である。英語はほとんど通じない。国の人口は四〇〇万弱であり、国土の面積は日本とほぼ同じである。特にこの国の北部は人口希薄地帯が多い熱帯林地域である。首都ブラザビルから北へ約九〇〇キロ離れたところに、サンガ州の州都ウエッソがある。ウエッソからさらにサンガ川を船外機付きボートでおよそ一〇〇キロ遡ると、ボマサという小さい村がある。このボマサからそう遠くないところに、世界でも類いまれな原生の熱帯林が

中央アフリカ・チンパンジーの子ども

熱帯林と川の空撮写真

残っていた。それが「ンドキの森」であり、後の一九九三年には同地域約四〇〇〇平方キロは「ヌアバレ・ンドキ国立公園」として制定された。二〇一二年には「世界自然遺産」地域にも指定された。そこにはニシゴリラや中央アフリカ・チンパンジーをはじめとしたいろいろな動物が、これまで人間の影響をほとんど受けずに健全な頭数で生息しているのであった。

ぼくが京都大学理学部の人類学研究室を訪ね、大学院でもその研究室を選んだのは、もともと「人類の起源と進化」に興味を持っていたからである。人類の起源や進化を探るには、太古の時代を生きた人類の祖先の化石や遺物から検証する（自然人類学）、人間に最も近い現生の動物であるサルの生態や社会を研究する（霊長類学）、あるいは現生の人類の中でいまだ自然に強く依存して生活している人々を調査する（生態人類学）などの手法が考えられていた。

大学四年生の卒業研究では、人骨などを対象にした自然人類学を選択した。しかしぼくの関心は、サルの中でも最も人間に近い類人猿、現生の類人猿の生態・社会を研究していく分野に移っていった。一九八七～一九八八年の初期調査の結果をもとに、一九八九年に京都大学調査隊の一員として幸運にも行く機会を得たンドキの森で、ぼくはゴリラを研究対象に選んだ。その理由は「ンドキ地域」の先駆的研究がまだほとんどなかったこと、調査対象のニシゴリラの詳細な生態がまだ明らかになっていなかったことといった学術上の関心だけではなかった。

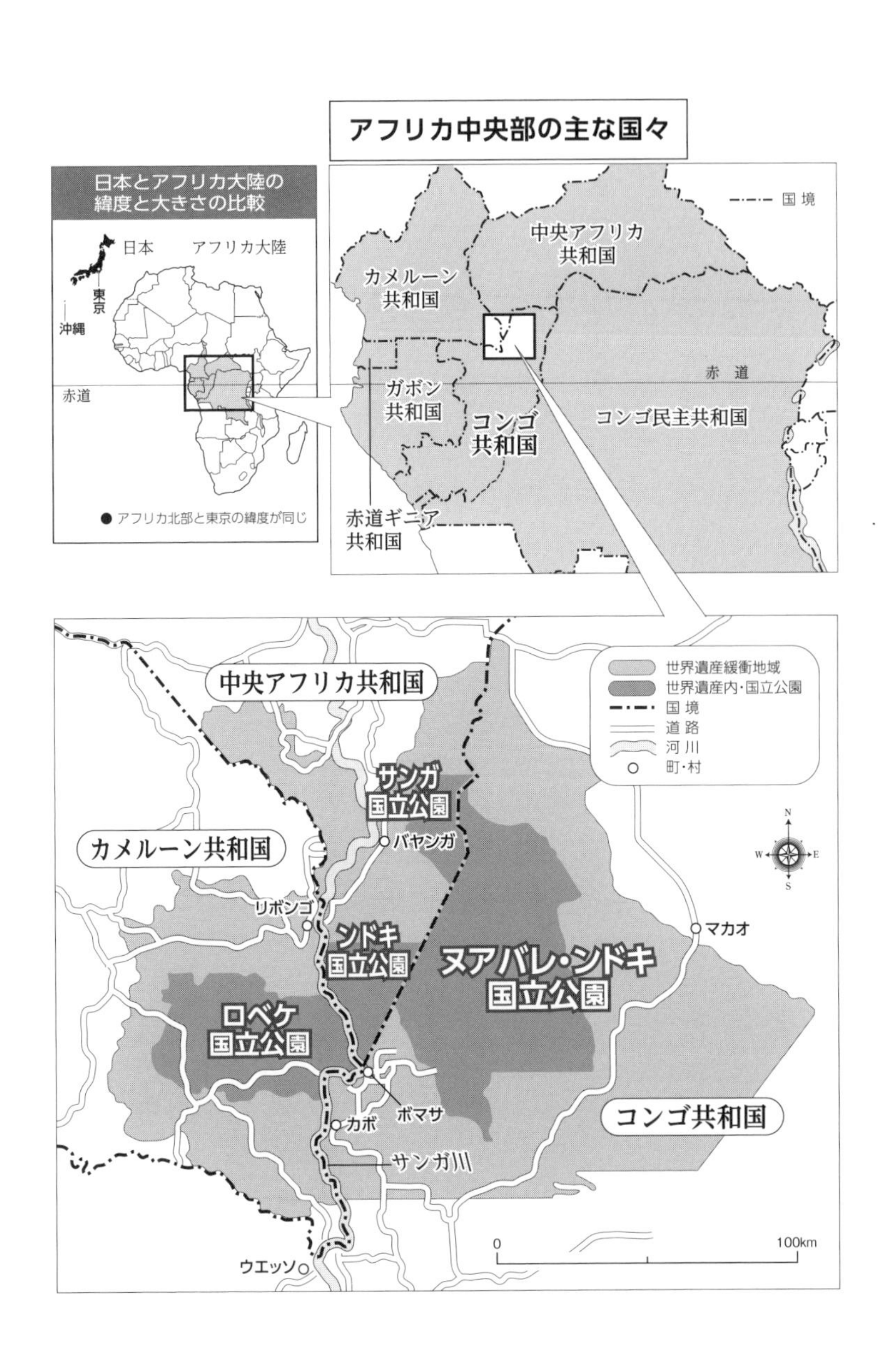
アフリカ中央部の主な国々
日本とアフリカ大陸の緯度と大きさの比較
日本
アフリカ大陸
東京
沖縄
赤道
● アフリカ北部と東京の緯度が同じ
国境
中央アフリカ共和国
カメルーン共和国
ガボン共和国
コンゴ共和国
コンゴ民主共和国
赤道ギニア共和国
赤道
世界遺産緩衝地域
世界遺産内・国立公園
国境
道路
河川
町・村
中央アフリカ共和国
カメルーン共和国
サンガ国立公園
バヤンガ
リボンゴ
ンドキ国立公園
ヌアバレ・ンドキ国立公園
ロベケ国立公園
マカオ
ボマサ
カボ
サンガ川
コンゴ共和国
ウエッソ
0
100km
N
S
W
E

「…ゴリラは歌を歌うんですよ。ハミングなんですが、これがうまい。ヨーロッパの民謡みたいなメロディーで、もう人間そっくりです。ヤブの中で歌っていると、人間が歌っているのか、ゴリラが歌っているのか、全くわからない。僕は何度もだまされましたよ。…（ちゃんと音楽に）なってます。メロディーはいろいろですから、アドリブでやっているのでしょう。人間と同じで、個人的上手下手、好き嫌いはあるようですね」。これは、マウンテンゴリラの研究に従事していた山極壽一氏による一九八〇年代の記事（『ゴリラ――森に輝く白銀の背』平凡社、一九八四年）である。以前から「音楽とは何か」というのは、ぼくの個人的なテーマの一つであった。「音楽の本質」を知りたいのならば「音楽の起源」を探るのが一つの契機になるはずだと思っていたのだ。数百万年前にはヒトと共通祖先がいた、ヒトに近い類人猿のゴリラが〈うた〉を歌うのであれば、「音楽の起源」について何かわかるかもしれない。その思いがぼくをゴリラに近付けたのだ。

## ゴリラのウンコとトイレの起源

ある日、猛然と藪の中へとゴリラを追いかけていく。一瞬見えたゴリラのたくましい姿と、耳にした心臓を震わす重量感ある大音声は、いつもぼくを興奮させた。森を歩いているとゴリラの糞を発見する。匂いも植物性の独特なもので、慣れてくればたいていそれがゴリラのものであると判断できる。稀にチンパンジーのフンと混同するときがあるが、匂いでまず区別可能である。肉も食べるチンパンジーの糞は人間のように臭い。ゴリラの方はもっと草っぽい匂いなのだ。

糞というのは体外に出てきた排泄物である。そこには消化されずに出てきたものも含まれている。その痕跡から食内容を推察することができるのである。糞を洗い流すことでそうした未消化物が姿を現す。果実の種子や葉の断片、肉食の痕跡である骨の破片や動物の毛、昆虫食の証拠であるキチン質などが糞から見つかるのである。

ぼくが調査を始めた当時、コンゴ共和国を含むアフリカ中央部地域でのニシゴリラの研究は、ガボンや中央アフリカ共和国でのいくつかの報告があるだけだった。それまでゴリラといえば東アフリカの山地帯に生息するマウンテンゴリラであり、その調査結果からゴリラの食物は繊維性のものが中心だと考えられていた。果実もほとんど食べないという。ところが初期のニシゴリラ研究者は「いやニシゴリラはマウンテンゴリラとは違い果実食者だといえる」という結果を出していた。これはいままでの「ゴリラ観」とは違うテーゼであったので、研究者にとって魅力的な題材となりつつあったが、しかし初期の研究は調査期間も情報量もまだ十分とはいえなかった。

ぼくが糞分析をもとに研究を開始した当初は、確かにゴリラは本当によく果実を食べているなという印象を持った。しかしそれは季節的なことで、何カ月か滞在していると、必ずしもそうではないと疑いを持ち始めた。だんだん森の中から果実がなくなっていったのである。するとどうなったか。チンパンジーは樹上から樹上へと移動するその機動力を生かして、あいかわらず果実を主食にしていた。しかしニシゴリラはマウンテンゴリラと同じような繊維性食物中心になったのである。

豊富に実る時期の果実

このように調査を開始して、一三カ月連続で森に滞在した期間も含め、合計で二年間、森の中での生活を送った。一〇〇〇に近いゴリラの糞を集めているうちに気付いたことがある。ゴリラの糞をする場所についてである。多くのケースで、ゴリラは地面より一段高いところにしゃがんで糞をするのである。倒木の上、地面に落ちた大きめの枯れ木の上、地面を這う大型のつる性植物の上など、その高さは高いときには数十センチにも及ぶ。

ゴリラの糞はオトナのもので大きさが五～七センチくらいまでのおにぎりの形状で、それが一度に五、六個出てくる。地面にしゃがんだまま用を足したらお尻が汚れるのは容易に想像できる。ゴリラが一段高いところから糞をするのは、それを嫌っての行動なのであろうか。ゴリラのほかの四足動物は足が長いか、糞がコロコロ小さいものであったりするため、お尻が自分の糞で汚れる可能性は少ない。考えてみればゴリラだけだ。

ぼくら人間でも、たとえば野外でもよおしたら間違いなくしゃがんでパンツを下ろす。そのとき、お尻と地面の間に十分な隙間ができるようにして、排泄物がお尻につかない工夫を知らずにしているはずである。お尻の周りをきれいに保っておきたい、ゴリラもそう思っているのかもしれない。悠久の進化の歴史の中で、いつ頃からそうした「工夫」を見いだしてきたのであろうか。この行動は、ある意味では「トイレの起源」だといっていいのかもしれない。

## 不器用だが夜は星を見ながら眠りにつくゴリラ

ある日の夕刻のことであった。チンパンジーの騒ぎが聞こえる。ぼくと先住民のガイドはそのチンパンジーを探しに行く。チンパンジーの声は次第に近付いてくる。どうやら何頭かが樹上にいるようだ。一頭の大きなオス。それをとりまく何頭かの個体。何か果実でも豊富に実っている樹木なのか。

中心にいるオスのチンパンジーは何か首にかけている。胸の方に見えている部分は細いが先端に何か重石でも付いているように、小気味よくブランブランさせている。なんとそれは動物の足だった。ダイカーの蹄だ。そして首にかかっているのはもうほとんど皮だけになったダイカーの胴体部分で、反対側にぶら下がっているのはもう完全な形を残していないがどうやらダイカーの頭だ。しとめた小動物をまるで襟巻きのように首に巻きながら喜々とするチンパンジーがそこにいたのだ。

ゴリラはチンパンジーと違って肉を食べない。ただし、アリやシロアリは食べる。だがゴリラはどうも器用でないようだ。チンパンジーがシロアリ釣りなどで道具を使用することは広く知られているが、野生のゴリラでは同様の道具使用行動はいまだ報告されていない。道具の使えないゴリラがシロアリを食べるときは、シロアリ塚を直接パンチングで破壊し、その中にいるシロアリをつまむか、あるいは壊したシロアリ塚の破片から出てくるシロアリをなめて食べるのだ。

興味深いのは、ゴリラとチンパンジーの生息域が完全に重なっている上に、採食メニュー中の果実の種類の多くが両類人猿で重なっていることだ。同じ樹木の上で同時にゴリラとチンパンジーが争いも起こさずに果実を食べている姿も何度か観察されている。

ゴリラもチンパンジーも毎晩、寝場所を変える。グループならまとまった場所に皆で寝る。そして乳飲み子を除いて、一頭一頭のベッドを作る。ゴリラの場合、通常は草をうまく折りたたんで、多少は寝心地のよいものを作る。もし草があまりないようなところであれば、枯葉のみを地面に敷いてその上に寝る。場合によってはそのまま地面の上にも寝てしまう。ときには木の上にも作る。チンパンジーは通常一〇メートル以上の高い場所にベッドを作るのに対し、ゴリラはせいぜい五メートルくらいの高さである。

ゴリラのベッドをいくつも見ているうちに、気になることがあった。草本を折りたたんでベッドを作ると、たいていの場合その上ががら空きとなる。つまりブッシュ*もなく大きな樹冠もない。直接に空が見える。もし夜に雨が降れば、ゴリラはずぶ濡れになるのか。冷たい雨に濡れ眠れぬ夜を送るのだろうか。しかし快晴ならば、ゴリラは寝る前に夜空を一瞥し、満点の星に気付いているのかもしれない。月でも出ている折なら、月を眺めてはわがゴリラ生について何やら思いをはせているにちがいない。その気持ちよさを考えると、雨のときのことは取るに足らぬ心配ごとなのかもしれない。

## 幸せなゴリラ

ときおり林床にはゴリラが枯葉をのけ、土の表層部分だけを指で引っ掻いたような痕跡が見られた。ぼくはこれをゴリラの「土掻き行動」と名づけた。おもしろいのは土掻きはいくつかの特定の場所に限定されており、ゴリラはそこを繰り返し利用していた。何か地面で昆虫やその巣でも発見できるのかと思い、ぼくもゴリラのようにその同じ場で土を掻いてみた。何カ所かで試みてみたが昆虫などの発見頻度は極めて低かった。黒くて大きめの単独生活のアリなどが偶然発見される程度だった。

数十メートルの距離からだが、何度か土掻き行動を直接観察する機会があった。一例では一頭のオスが三三分間「土掻き」に従事し、何かを地面からつまみ上げて口に入れたのは二回のみであった。その種類までは確認できなかったが、たったの二回とは採食行動としてはいかにも効率の悪いもののように思われる。ゴリラは何をやっているのだろう。たとえ発見できる確率が低くても、その採食物は何ものにも代えがたいほどうまいものなのだろうか。

ところで、ゴリラはどのようにして森の中からバイへ向かっていくのか。その様子を観察してみた。グループで移動するゴリラは、皆ほぼ一直線に並んでやってくる。一列縦隊だ。そして何と走ってくる！　そのとき何かとても楽しそうな声をあげていることが多い。喜々と走るゴリラ。その全体の様子は、バイに来るのは本当に楽しいことなのだということをゴリラが全身で表現しているようにみえた。

バイの中にいるゴリラたちを見ると本当に幸せそうにみえる。バイは草原といえども沼地。ときには肩まで浸かりながらバイで草本類を食べていたゴリラも見たことがある。でもよほど目当ての水草がおいしいのか、目を細めて食べている。その光景は、ぼくらが銭湯で気持ちよさそうに湯に浸かっているときの表情にそっくりだった。

ゴリラは森からバイへ入っていくとき、いくつかの特定のルートを持っていることがわかってきた。バイから出て森へ戻るときも同じルートを使う。おもしろいことに土掻き行動の見られる場所は、バイの直前で比較的見通しのよい場所である。ゴリラの家族は森の中にいるとき、各個体が多少散開して採食することが多い。そこでは見通しがよくないので、お互いの存在はわかっていても直接は確認できないこともある。やがて移動しながらバイの手前で急に視界が開けてくる。バイに入る前に一度そこで立ち止まり、見通しのよいその場所で皆を確認する。効率は悪いかもしれないが、ひょっとしたらうまいものを発見できるのかもしれない土掻き行動もする。そしてやおら全員でバイに入っていく。土掻き行動は、そうしたグループ内のコミュニケーションの場の中で行われる行動で、栄養的には非効率であっても、一堂に会した皆と共有できる遊び的な行動といえるのかもしれない。

## ゴリラ研究の進展とゴリラの直面する危機

見通しの悪い森に対して「バイ」と呼ばれる湿地性草原なら見通しはよかった。ゴリラはそこに頻繁に現れるためよく観察することができる。無論われわれは、沼地であるバイの中へ入っていってゴリラを追跡するのは不可能に近い。ゴリラは水草の根などを四足でうまく利用して巧みにバイの中を移動できるが、われわれはそれを真似することができない。二足歩行のわれわれはただ沼地に沈んでいくだけである。ただ、その後バイでのゴリラ研究は進んだ。直接追跡はできなくても、観察台を作りそこからバイの中のゴリラをつぶさに観察し、一頭一頭個体識別、各グループのライフ・ヒストリーを明らかにすることができるようになり現在に至っている。

人間の存在に慣れてもらうには、ゴリラと高頻度に近距離での接近を試みることである。何度でも、近距離で観察できるまで根気よく続ける。逃げられても痕跡などを頼りに追跡していく。その結果、こちらの存在が受け入れられるようにする。人工的に野生動物に餌を与えて人間の存在に慣れさせる「餌付け」に対して、これを「人付け」という。「餌付け」はサル研究で従来からの手法であったが、その餌による人工的な影響がサルの行動に見られたため、自然界の行動を観察するには「人付け」が必要とされるのだ。

まったく不思議な能力というしかない。いったいどうしたらこの森の中でゴリラの後を辿れるのだろう。しかし先住民のガイドについていけば、確かにゴリラに会える。糞や真新しい食痕はもちろんだが、地面に残ったかすかな形跡、匂い、わずかな移動音や音声、すべての感覚を総動員させて後を追っているとしか思えない。もちろんこの作業の間、地図やコンパス、GPSがなくとも、先住民たちが森の中で迷うことはない。

その積み重ねで五年以上の歳月を費やして、ついに研究者グループはゴリラの「人付け」に成功したのである。研究者の前で、ゴリラは人の存在を気にせず、自然状態での姿や生活を見せてくれるようになったのである。この「人付け」グループは小規模ながらもツーリストにも開放している。「人付け」をされたマウンテンゴリラを見てきた人々などから、ニシゴリラを見たいというリクエストが多くあるからである。

ンドキに生息する動物の中で最大の肉食獣はヒョウである。ヒョウの糞や吐き戻したものはよく発見され、ダイカーやリスなど小型獣のものと思われる毛や骨片はこれまでにも観察されてきた。しかしゴリラの指の爪、骨、皮、毛が見つかったこともある。その大きさはオトナのメスくらい。ヒョウがゴリラを殺して食べたのか、あるいはすでに死んでいたゴリラの死肉を食べたのかは定かではないが、ヒョウがゴリラを食べた確たる証拠であった。ゴリラも森の中では喜々とする生活ばかりではないのだ。

しかし、そんなヒョウよりもゴリラを危機に追いやるものがある。それが密猟だ。ゴリラが絶滅に向かう大きな原因となっている。かつてはゴリラの子どもをペット交易に出すために親ゴリラを殺害し、いまは人間の食用としての肉目的のためにゴリラを殺す。もちろん違法行為であるが、体軀の大きなゴリラから採取できる肉の量の多さから密猟者は大金を入手できるのである。

もう一つの大きな原因は熱帯林伐採である（一四七頁参照）。ニシゴリラのもともとの生息地は、ンドキのような人の手がほとんど入っていない原生熱帯林であり、そこで何百万年にもわたる進化の歴史を歩んできた。しかし昨今拡大されつつある熱帯林での森林伐採業はそうした生息地を奪い続け、すでに多くの原生林は消失したか断片的にしか残っていないのが現状である（本文では「原生林」という言葉は、人間の手が全く入っていない森だけでなく、移動生活をベースとした先住民による従来の生業のために利用されていた森も含む）。

エボラ・ウイルスも、ゴリラ、チンパンジー、そして人間にとっても深刻な問題である。エボラ・ウイルスはアフリカ中央部にて、ここ十数年断続的に猛威を奮ってきている。幸いンドキの森とは離れた場所であったが、ウイルスの出回った場所ではゴリラやチンパンジーは壊滅的に死に、その死体や肉に触れた、あるいは肉を食べた人間も死亡した。

エボラ・ウイルスが出現するようになったのは、人間の活動により過剰に熱帯林が縮小し分断されてきたからだという説が有力である（一五一頁参照）。もともと自然界に存在していたウイルスは、フルーツバットと呼ばれるコウモリに宿っていたと考えられている。コウモリが食べ残した果実には、唾液とともに少量のウイルスが付着していた可能性があった。以前は森が広大だったので、果実を好むゴリラやチンパンジーがウイルスの付いた食べ残しに触れる確率は極めて低かったが、熱帯林が縮小し分断されたことによってゴリラなどがウイルス付き果実に接する確率が以前より高くなり、エボラに感染する頻度が増えたと考えられる。ゴリラはグループ内で毛づくろいなど身体接触をするため、グループ内で容易に感染し、さらにゴリラの食べ残したウイルス付き果実の数もさらに増えるという考えである。こうしてゴリラの数は激減してきた。

このように、ゴリラには棲息の危機が迫っている。「絶滅危惧種」なのである。

*ブッシュ　通常、森林そのものを「ブッシュ」と呼ぶこともある。ただ、原生林の場合は見通しのよい藪の少ない森が多く、その中で藪に覆われている特定の場所を「ブッシュ」と呼んでいる。

# 2　虫さん、こんにちは

## 虫と予防接種

「ジャングルでは病気とか大変でしょうね？」と聞かれる。アフリカとくれば、恐ろしい病気が蔓延している場所という通念だ。虫がたくさんいるからそれに刺される伝染病や風土病が多いと勘違いしているらしい。確かに、義務となっている黄熱病予防接種以外にも、初期の頃はコレラ、破傷風、狂犬病、A型肝炎、B型肝炎などの予防注射も受けた。そのほか麻疹や小児まひは、人類と近い種であるゴリラ・チンパンジーとの間の相互感染を防ぐ意味でその接種が必須である。

B型肝炎については、通常は一定の期間をあけて三度予防接種を受ければ抗体がつくらしい。ぼくも三度の注射を受けた。そして血液検査。しかし抗体はついていなかった。また期間をあけて四度目の注射と血液検査。まだ抗体できず。注射、血液検査の繰り返し。そして七度目が終わってから医師は「君のからだは普通の人とちょっと違うようだ」とぼくに告げ、それ以来B型肝炎の予防接種を中止したのだ。もちろんいままでB型肝炎にはかかっていない。ぼくのからだが通常の人と違う異常な構造を持っているのだろうか。

熱帯といえばマラリアだ。マラリア蚊を媒介とした伝染病である。いまでも場合によっては死に至る病である。マラリアには予防接種はない。予防薬を飲み、蚊にむやみに刺されぬよう用心するほかはない。気になる人は蚊帳を付けて寝た方がよい。もし症状が出れば治療薬を飲むか、ときには入院治療も必要となる。特に町とか村がマラリア蚊の温床である。蚊がマラリア原虫を持った人から血を吸い、その蚊が別の人を刺して原虫を注入すれば、その人はマラリアに感染してしまうのである。しかし村を遠く離れ、森の中で生活をしている分には安全である。人が住んでいないのでマラリア蚊がいないのである。

マラリア蚊のいない森。澄んだ水。一切、人工的な匂いのしない空気。森の中は人が想像している以上に健康的な世界だと思う。ただ衛生状態だけは最低限保持しなければならない。たとえば皿洗いは丁寧にしなければならない。また大便については、キャンプより少し離れたところの森の中に深い穴を掘り、そこで用を足す。ある一定期間の後、その穴は埋める。

昨今はエイズに始まりエボラ出血熱の問題もある（一五一頁参照）。エボラ・ウイルスに汚染された地域への出入りは望ましくないといわれる。感染している野生動物を調理したり食べたりすることだけでなく、感染している人に身体的に接触することは回避すべきだ。

ところで、熱帯林というと毎日大雨が降って暑くじめじめしていると思うかもしれない。しかしアフリカ熱帯林の場合、まず熱帯夜がない。確かに降水量も多く湿度もかならず九〇％を超えるような雨季もあるが、雨量も年間一五〇〇ミリしかない。これは日本の年間降水量よりも少ないのだ（だからアフリカの熱帯林は「熱帯雨林」とは呼ばないのでご注意を！）。雨がほとんど降らない乾季もあり、大河川でも砂地が部分的に表に出るくらい乾いてしまう。その時期は朝晩の気温が摂氏一〇度近くまで下がり、場合によっては厚着をしていないと震えるくらい寒い。起きたらまずは焚き火にあたりたいと思うくらいだ。こういうとき、常備薬として風邪薬は欠かせない。

## サファリアリの猛襲

褐色のアリ。大きい兵隊アリで最大の長さが一センチくらい。しかし一つのグループは大群をなす。その縦隊列はいつまで見ていても終わりが見えない。一説によると数百万という個体の集まりだ。肉食の凶暴なアリである。死肉あさりだけでなく、生きている小型動物も集団で殺すことがあるという。大群で襲い窒息死させ、その死体を食べるというのだ。

われわれもサファリアリの猛襲を受けるときがある。森を歩いているときにうっかりこの縦隊列を踏んづけてしまったら大変だ。このアリは集団で移動しているとき、必ず兵隊アリが両側に待機している。少しずつ間隔を置いて、鋭い鎌を上に向けながら微動だにせず立ちはだかっている。列の防護である。その間を働きアリがせっせと移動する。もしその縦隊列を妨害する何かがあれば、

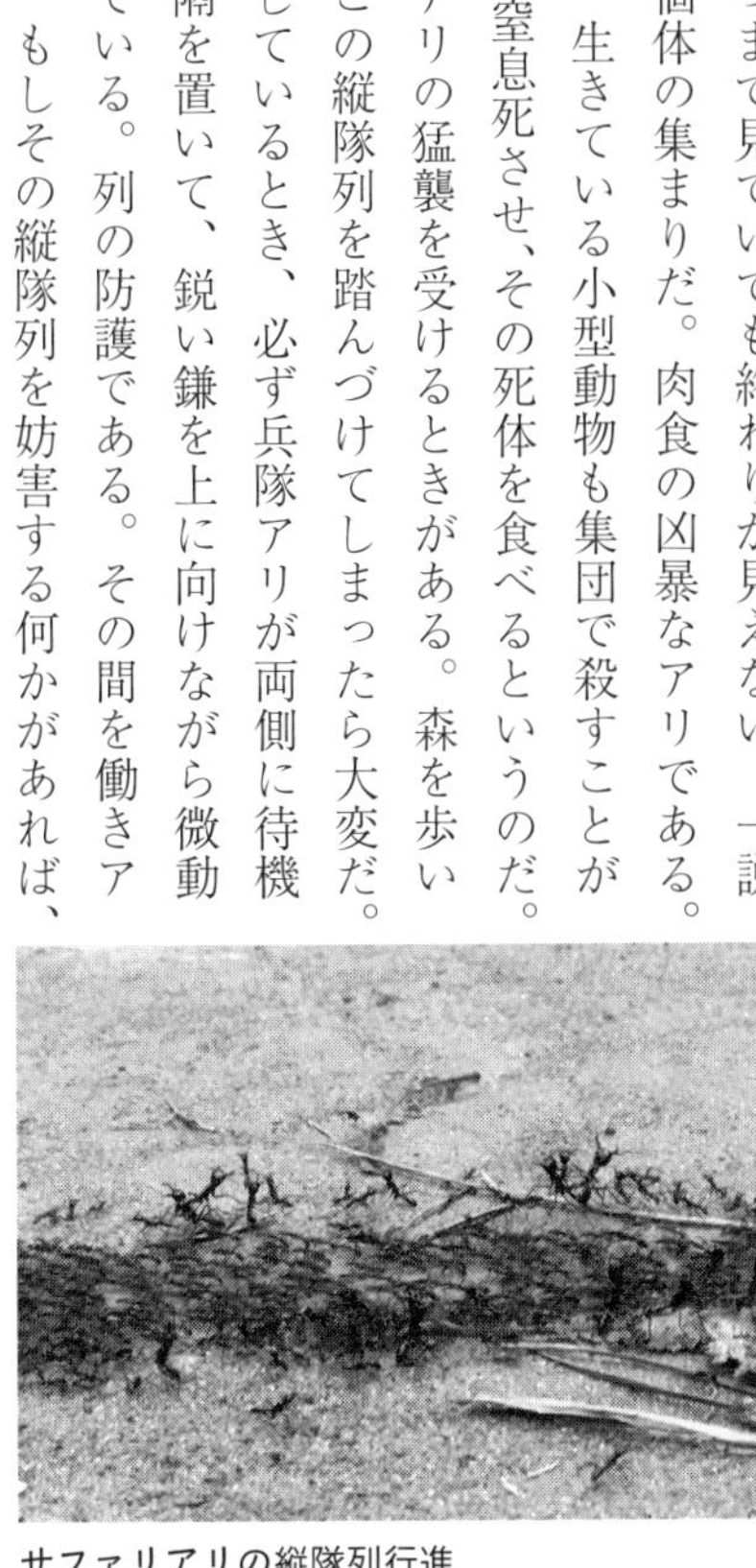
サファリアリの縦隊列行進

兵隊アリが直ちにその異変に気付き、その方向へ出動する。すさまじい統制力と軍事力を持ったアリといえる。

怒った彼らは隊列を崩して動き回り、こちらがぼやぼやしているとあっという間に足から頭へとからだをよじのぼってくる。途中で猛烈な痛さに気付く。兵隊アリの鋭い口で咬まれているのだ。それでやっとその場を走って去らなければならないことを悟る。辺り地面いったいは、何百万ものサファリアリの海になっているからだ。髪の毛の中に入られると厄介だ。強烈に痛い上に一匹一匹取り除くのに苦労する。兵隊アリの顎の力は尋常でない。服の上を咬んだ個体は気付かなければ翌日まで服についたままだ。一度咬んだら容易には離さない。ちょっと払いのける程度では離れない。むりやり皮膚から離そうとすれば、哀れなアリは胴体と頭で引き裂かれるだけで、なおも頭部の顎の部分は強く咬み続けているのだ。何たる生命力。

「ジャングルではどんなところに住んでいるのですか」という質問も後を絶たないが、森の中にいるときの居住場所は基本的にテントで、その出入り口はまず間違いなくチャック方式だ。特にテントで就寝中のときは要注意だ。テントの回りがパチパチいっている。雨かなと思う。しかしここでテントのチャックを開けてはいけない。ましてやテントの外に出てはいけない。その頃にはキャンプは散開している大群のサファリアリに襲われているからだ。肉食のサファリアリがわれわれの食事の残りなど脂っこいものに近付いてきたのだ。パチパチという音は兵隊アリがテントの屋根を咬もうとしている音なのだ。うっかりテントのチャックに隙間があるとそこからテントの中に大量のサファリアリが侵入してくる。そうなると、もはや眠るどころではなくなる。圧巻はそうした猛襲後の翌朝だ。もう地面のサファリアリの数はだいぶ少なくなっている。何とか地面を歩ける。ところが鍋の回りにはまだものすごい数のサファリアリが徘徊している。とりわけ前夜の残りものである脂っこい料理の鍋には密集している。よく見ると鍋の隙間から大量の数のアリが鍋の中に侵入している。われわれのおかずの残りを食べようとしているのだ。

しかしどうやって鍋の中に入ったのか。鍋の表面は丸みを帯びてつるつるだから、鍋の上の方まで這い上がれるとは思えない。よく見てみると、なんと彼らは自分たちで地上から鍋の蓋の方まで「はしご」を作っていたのだ。一匹一匹が地上からからだをつらららのように繋げていった二〇センチほどの「アリはしご」。そのはしごの上を鍋侵入部隊が通り、鍋の中に入っていく。驚異的であるとしかいいようがない。

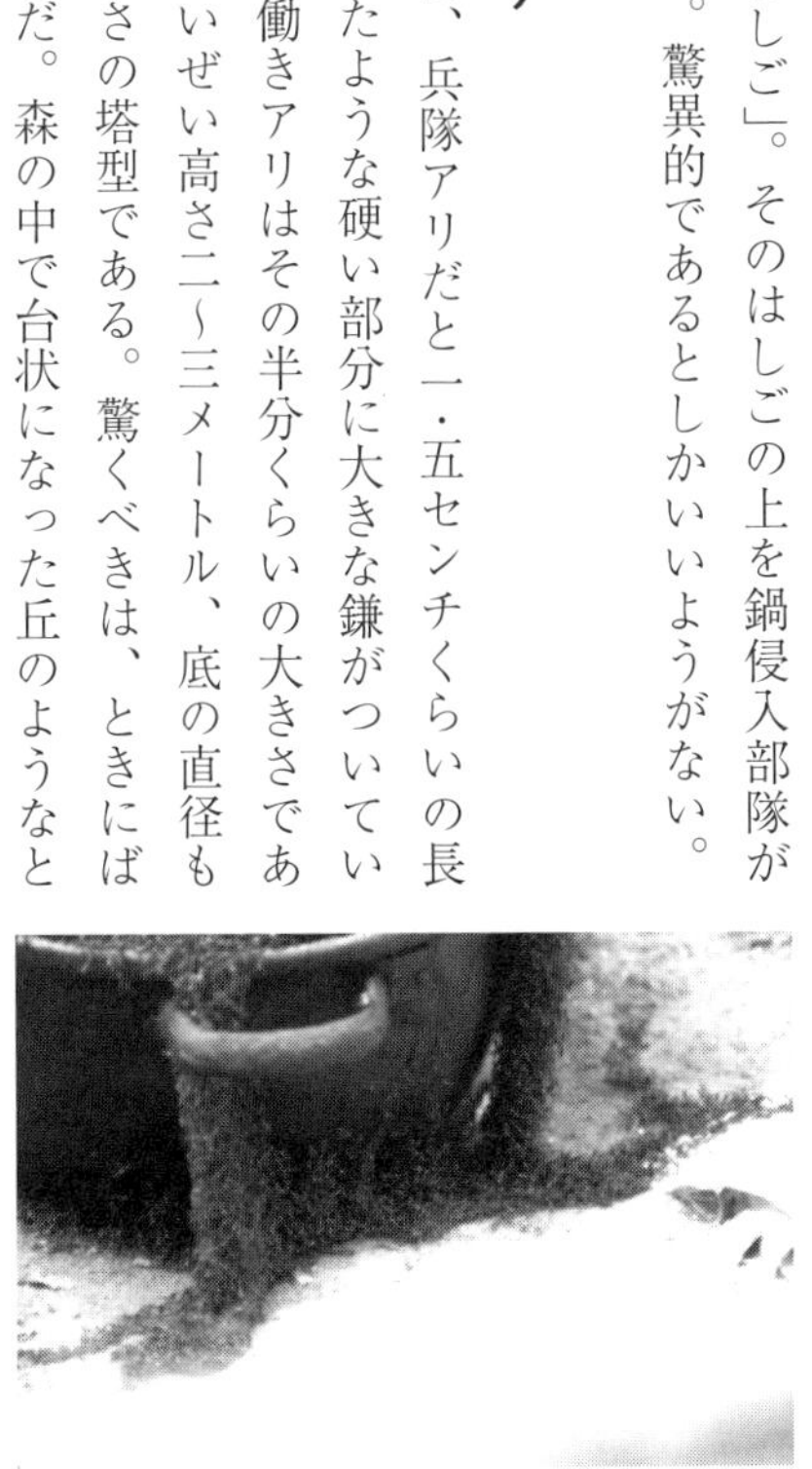

鍋の中に入ろうとはしごを作ったサファリアリ

## シロアリとその天敵ササ

大形のキノコシロアリは、兵隊アリだと一・五センチくらいの長さがあり、頭は兜をかぶったような硬い部分に大きな鎌がついている。腹の部分は軟らかい。働きアリはその半分くらいの大きさである。そのアリ塚は通常はせいぜい高さ二〜三メートル、底の直径も二〜三メートル程度の大きさの塔型である。驚くべきは、ときにばかでかいアリ塚を作ることだ。森の中で台状になった丘のようなところがたまに見つかるが、その全体がシロアリ塚なのだ。高さ五メートルを超し、台状になった丘の上は四〜五人がテントを張り炊事もするといったキャンプ生活を十分にできるほどの大きさだ。

考えてみるに、シロアリが森の植物を分解し、土に帰す重要な役割を果たしている一方、死肉あさりのサファリアリは動物の死体をこれまた森に帰す役目を担っている。どちらも森には欠かせない存在だ。あくまで人間の視点のみで不快な生き物だと騒いでいるわれわれは、いったいどれだけ森の生態系の維持に貢献しているというのか。否、負の影響を与えているばかりなのではないか。そう思えば、われわれがサファリアリやシロアリに文句を言う資格はない。

大形のキノコシロアリには天敵がいる。現地語名で〈ササ〉と呼ばれる軍隊アリである。黒いアリで、最大の長さは一・五センチくらい。ササもサファリアリのように縦隊列を作り、まるで軍隊のように一列になって移動する。兵隊アリがその縦隊列をガードするようなことはない。一つの集団は数百の個体からなり、彼らも狩りをするが相手はもっぱらシロアリである。サファリアリ同様に顎も鋭いが、尻に針を持っており、これに刺されると痛い。しかもそれはハチのように使い捨てではなく、何度でも使用可能であるようだから性質(たち)が悪い。われわれが痛い目にあうのもこの針による。

特に足が無防備の状態であるとき、たとえばサンダル履きで夜寝る前にトイレに立つ。そしてうっかりササの隊列を踏んでしまう。怒ったササはむき出しの足をめがけて針を刺す。飛び上がるような鋭い痛さである。たいていの人は悲鳴をあげる。毒もないし腫れたりもしないが数分は痛い状態が続く。

ササはたいてい地中に巣を作っていて、皆そこから出てシロアリの「狩り」に行くのである。戦闘では大集団のシロアリ相手でもだいたいササが勝ちを収める。大きな鎌を持つシロアリにやられるササもいる。シロアリは鋭い鎌を持つからだ。しかしシロアリは腹部から尻にかけてはぶよぶよで軟らかいという決定的な弱点があるため、集団としての戦いに最終的に勝つことは少ない。ササは殺したシロアリをもちろん巣に持って帰るのだが、興味深いのは味方で死んだ仲間もついでに巣に持ち帰ること。健気であり律儀であると形容したいくらいだ。

ある日のこと、ササの巣の入り口を見つけた。どうも巣は「新築中」か「増築中」らしい。「狩り」に行かずに残ったほかのササたちが、一生懸命巣を掘っているではないか。土を直径〇・五ミリくらいの大きさに丸めて、それを口にくわえて穴の中から地上へと、一つずつ運んでいるのである。運び終わってはまた穴にもぐり次の塊を運び上げてくる。何匹かのササが文句も言わずに、休みもせず穴掘りという肉体労働をひたすら続けているのであった。

「狩り」に行くとき、みんなで整然と隊列を組んで一心に歩く姿。巣を作るのに一心不乱に土を運び出す姿。ぼくはこれだなと思った。理由はない。そこに「生」があるのである。何にも邪魔されずに、自分の生においてなすべきことを実行しているのである。そこには「死」はなく「生」という厳然とした事実があるのだ。「死への恐怖」さえ感じられない。ただぼくはその全うしつつある現在進行中の「生の姿」を目の当たりにしたのである。

「科学的な」説明だと、きっと行動生物学者あたりが遺伝のどうのこうのと言いだすのだろうか。ぼくが観察したことは、仮に科学的な意味は不明瞭ではあっても（きっとササもわかっていないにちがいない！）、ひたむきに何かやっている姿である。なんて「真っ直ぐに」生きているのだろうと思う。純粋でそこにはねたみも欺瞞もない。表も裏もないのだ。多くの人は、生物というと、たいてい大型の哺乳類などに強い関心が行きがちだ。しかしこうした昆虫を見ているだけでも、ぼくの好奇心が止まることはない。何より「生」とは何かを物語ってくれるのだ。

## 糞尿をなめるからハチミツがうまい

アフリカミツバチ。大きさも見た目も日本のミツバチと変わらない。ただ、すこぶる強暴だ。刺されると猛烈に痛い。汗や水分を求めてわれわれにまとわりついてくる。はじめは一匹や二匹だ。うっとうしいと思い、追い払う。すると相手は攻撃力を増してこちらに向かってくる。下手に殺すと、その匂いのせいか仲間が次々とやってくる。そうすると対処しきれなくなる。

中には袖口やシャツのボタンとボタンの隙間から服の中に入ってくる。なぜか知らぬが、暗くて狭い場所に入るのが好きなようだ。蜂の巣に入るときの習性なのだろうか。しかし服の中に入ったハチを下手に刺激すれば刺される。慎重にかつゆっくりと服を脱ぎ、そうっと追い払うしかない。

森のキャンプ地によってはハチの巣が近いこともある。そうしたところでまだ陽のあるうちに食事をしようとすると、皿の中の汁物にたかってくる。食事のスープの中に溺れた哀れなハチも多々見てきたが、こっちは食事どころではない。うっかりすると口の中にも入ってくる。ハチがスープの中に入ったことに気付かず、その溺れ死んだハチも一緒に口に入れたこともある。一度、下唇を刺され口がタコのように腫れたことがある。瞼をやられたときは顔がお岩さんのようになった。太陽とともに彼らは活動するので、朝は四時起きで五時前には食事を済ませ、テントなどもたたみ終えてキャンプを去らなければならない。

このアフリカミツバチのハチミツは非常にうまい。森の先住民の大好物でもある。彼らは花の蜜を吸っているだけではない。汗もふんだんに吸う。成分の近い尿も吸いに来る。それだけでなく、糞にもおおいにたかるのだ。そうしたいろいろなエキス(?)から生成されるハチミツだからこそ、上等な絶品の味になるのかもしれない。

同じハチの仲間でも、針を持っていない〝ハリナシバチ〟と呼ばれるハチがいる。森の中に入るとまず誰もがこのハリナシバチの洗礼を受ける。ぼくがコンゴ共和国の熱帯林、ンドキの森へ初めて入った初日のことだ。「早く食べないと顔中たかられて食べられなくなるぞ」と予定のキャンプ地に着いて遅めの昼ごはんを食べるときに指摘された。ほんの数ミリに至らぬ小さな虫である。はじめはうっとうしいと思っていたくらいなのに、一向にぼくの周りから去らない。別に刺すわけでもない。ただ首の周り、顔の周り、はては鼻の穴の中、耳の中へと入ってくる。一匹でも殺す、つまりつぶす

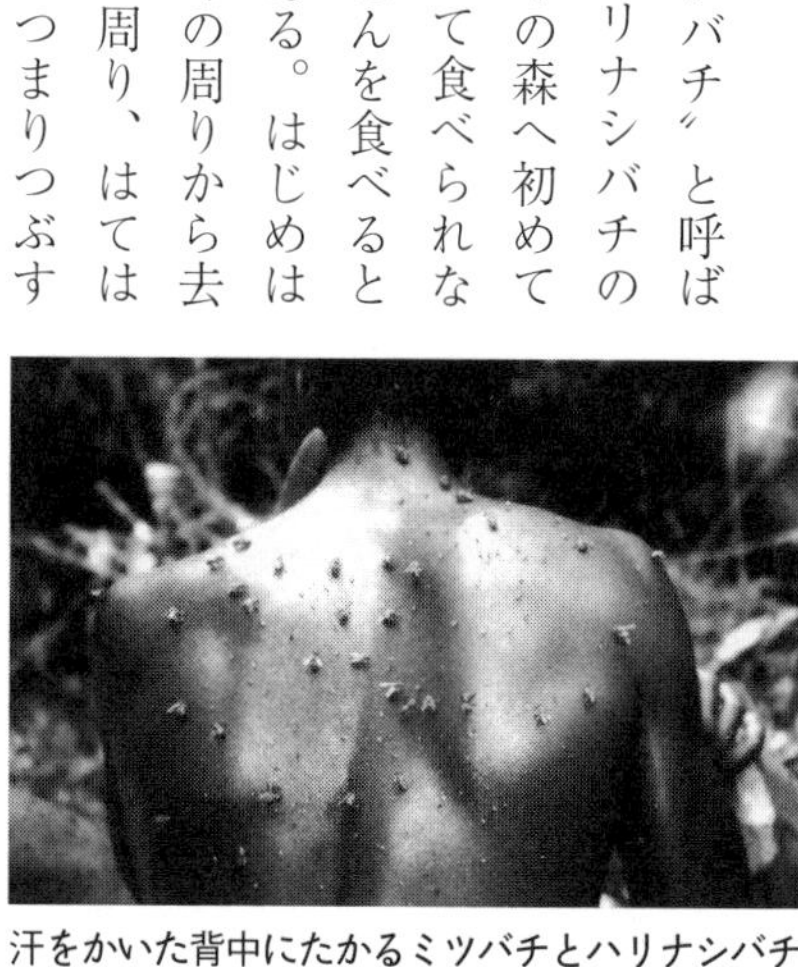
汗をかいた背中にたかるミツバチとハリナシバチ

と、イヤな匂いを発し、それがさらに仲間を呼ぶのだ。

## 日本でもよくご存じのほかの虫たち

日本で見かけるアゲハチョウやモンシロチョウに似たチョウも多い。しかし日本で感じているようなイメージはない。優雅にひらひら舞うチョウとは純粋に呼びがたい。幾種類ものチョウがいるが、どれもが動物の糞尿をなめる。ミツバチと同じだ。吸っているのは花の蜜だけではないのだ。

ある季節になると、シジミチョウに似た小形のチョウが大量発生し、基地やキャンプに襲来する。汗など塩分のある水分が目的のようだ。すでに洗濯はされているが、まだ濡れている衣服の干し物にたかる。それが一匹や二匹ではない。何十匹と群がる。皆でチュウチュウ水分を吸っているのだ。それだけならよい。問題は吸うと同時に小便もふっかけているようだ。チョウが去った後、衣服の匂いを嗅ぐとアンモニアの匂いがする。しかし特に洗濯物をよく点検してみると、すべてが匂うわけではない。実はチョウにたかられていたのは、きれいに洗っておらず、汗などの匂いが残っていたものだけなのだ。したがって、洗濯物へのチョウの有無は、丁寧に服を洗ったかどうかの指標ともなる。自然界からの貴重なアドバイザーだ。

セミは樹木の高い場所にいるケースが多いので、なかなか直接観察できる機会はないが、現地語で「エレレ」と呼ばれるセミはときに低い位置に止まっているので目にしやすい。大きさは最大五センチくらいで、色は全体的に緑っぽい。「エレレ」という名の通り、鳴き声がそのように聞こえる。その音は静寂な森の中を響き渡り、ときにはけたたましいほどうるさく、あるいは遠くからであれば悲しげに聞こえる。音は大きいが、その音への感傷は日本でいえばヒグラシのようなもの寂しげなものである。エレレは川や沼地の近くに多い。したがってエレレの声が聞こえれば、それは水場が近いことを知らせている場合が多い。森の中を長期遠征に出かけ、夕刻になって一時的なキャンプ地を探しているときに、エレレの声は心強く頼りになるのである。

カマキリは意外かもしれないが、日本にいるものより体軀の小さな種類が多い。そのほとんどが地味な色のものだが、ハナカマキリと呼ばれるカマキリはその名の通りカラフルだ。まさに花に擬態している。見かけるのは非常に稀だ。カマキリは人間に対して直接攻撃することはない。問題はその腹の中にいる寄生虫だ。何かの拍子にカマキリを死なせてしまうと、腹の中にいた長さ七〜八センチの線状の寄生虫が尻の穴からニョロニョロと這い出してくる。この寄生虫が危険だと聞く。うっかりそのままにしているとわれわれの足の中にそのまま入ってしまうことがあるらしい。そうすると足は腫れあがり猛烈な痛みもあって、しばらく歩けなくなるという。

汗のしみついたヘッドランプの帯に群がるチョウ

日本語で「ユウレイグモ」といわれる興味深いクモの種類がいる。そのクモの巣は通常の円形ではなくて、大きなカーテン状のようなものだ。普通のクモの巣は同心円状で、クモはその中心部に通常単独で一匹しかいない。しかしこのカーテン状のクモの巣には何匹ものクモがいる。一匹一匹は五ミリくらいの小さなクモだが、一度獲物がかかれば集団で攻撃しその獲物を取り押さえてしまう。いわば集団協力体制型の社会性クモなのである。そのクモの巣はレース状に、場合によっては一〇メートルほどにわたり小さな樹木全体を覆っていることがある。特に雨の後、光の当たり具合がいいと、クモの巣のカーテンにちりばめられた小さな雨粒が一つ一つ輝き、それはまるで輝くイルミネーションのようだ。

## 虫さん、こんにちは

熱帯林には、邪悪でグロテスク、巨大でけばけばしく、あるいはエキゾチックな昆虫がいるはずだという固定観念があるはずだ。しかし意外なことに、多くの種類の昆虫は地味な色で目立たない。巨大なものや突飛な形のものも稀である。概してアフリカ熱帯林地域の昆虫は知られていないことが多い。調べれば新種だけでなく、興味深い行動など次々とおもしろい事実が発見されることは間違いない。

また、虫でおもしろいのは、森の先住民による名前の付け方だ。ハチとかアリには多くの種類にそれぞれ名前が付けられている。これは仮に食用でなくても日常生活で深く関わっているからであろう。その一方、チョウやカマキリなどには日本語のような細かな種類分けをしていない。

チョウはどれもチョウ（現地語名カンゴンゴ）だし、カマキリはカマキリ（現地語名ボンゴンビ）だ。きっと彼らにとっては、日常生活上で強い関心の対象ではないと思われる。日本人のような虫に対する情緒みたいなものもないのかもしれない。

確かに、森の中では虫の数がすごい。ときに〝猛襲〟を受ける。「モー、何かオレが悪いことしたかよ！」とついどなりたくなる。しかし思い当たることは当然のことながらない。たった一つのことを除けば。それはわれわれが森へ「侵入」していること。だから仕方ないのだ。彼らだってこの森で生きている。彼らはわれわれに嫌がらせをしているのではない。森の中に侵入して、むしろそこの野生生物に不愉快な思いをさせているのは、逆にわれわれ自身なのだということを忘れてはいけない。

そこで「虫さん、こんにちは」と言う。そして「どうぞゆっくりと汗をなめてください」、「血くらいなら吸ってもいいですよ」と自分に言い聞かせ、虫が皮膚から立ち去るのをゆっくり待てばいい。必要なのは、少しぐらいの痛さやかゆさや不愉快さを我慢すること。それで相手も満足、こちらももっとひどい目にあわずに済む。

## おばあちゃんのウジ

これは虫にまつわる余談である。ボマサ村にいたとき、女性が一人のおばあちゃんを連れてきた。右目の横から頬にかけて膿んでいる。けっこう傷は深い。よく見ると右目の右側の傷にウジがわいていた。見るにも無残だ。綿棒で深い傷の中を消毒しようとするが、ウジも逃げて傷の中に入り込む。ピンセットでもウジはつかめない。ぼくの手にはとても負えそうになかった。ヨーチンを直接傷口に注入するという方法はある。それならばおそらく一発でウジは死ぬかもしれない。しかし危険すぎると思い躊躇する。相手がましてや老人なので、ヨーチンという強い薬などの注入によるショック死もあり得るかもしれないのだ。

数日後、おばあちゃんのケガを見に行くと、ウジは目の後方と耳の方へ、さらに奥へと二方向に入っていた。迷っている場合ではないと、すぐに沸騰した後の冷めた湯を用意してもらいヨーチンと混ぜた。その薄まったヨーチンを綿棒につけ傷口の奥へとしみ込ませる。そのうち傷口から血も出てくる。弱って這い出してきたウジ二匹を、やっとの思いでピンセットを使い取り出すのに成功する。まだ元気なほかのウジは傷口から首を出しては引っ込め、ヨーチンから逃れようとし、また深い穴へと入っていってしまう。実際おばあちゃんは、耳に近い傷口の中でウジがゴソゴソと動く音がして、夜中うるさくて眠れないという。

しかし小さな努力が功を奏したのか、だいぶ傷の周辺部の腫れがひいてきた。傷口の周辺もきれいになっている。傷口の中のウジが撤退したとみてよいのだろう。傷口もふさがり始めている。経過よしとみなしてもよいと確信し始めた。

とうとう傷口もすっかりきれいになる日が来た。おばあちゃんはぼくに感謝の意を込めて、大事なニワトリを一羽くれた。傷口が治ったことだけでもぼくはうれしかったのに、めったな日しか絞めない貴重な食料であるニワトリを一羽贈呈してくれるとは、最大の感謝の印である。

# 3　森の中で生きるということ

## 森の中に棲むマルミミゾウ

現地語で「バイ」と呼ばれる湿地性草原は、ゾウ、アカスイギュウ、カワイノシシ、ニシゴリラ、ボンゴ（ウシ科）、シタトゥンガ（ウシ科）、ヒョウなど実に様々な動物が集まる場となっている。しかもその中央部付近には小川が流れ込んできているため、カワウソやワニ、淡水性の魚も生息し、魚をついばみにやってくるいろいろな種類の鳥も見られる。その小川は森から大量のミネラルを運び込んでいる。ンドキにはこうしたバイが熱帯林の中に点在している。一般に熱帯林は見通しが悪いのだが、バイは草原であるため遠くまで見渡せる、熱帯林の中では特異な場所であるといえる。

バイは長い年月をかけてゾウが作り出したものと考えられている。ゾウはもともと多少軟らかくなった湿地帯のようなところで、

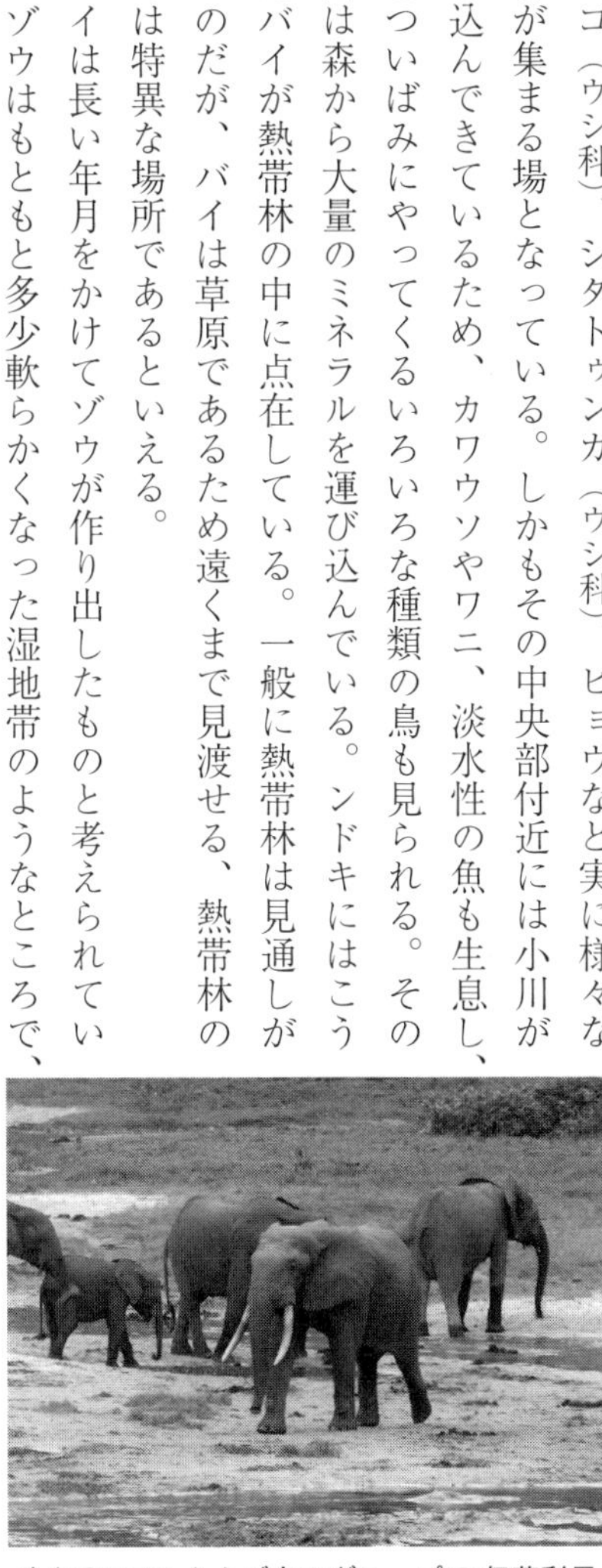

バイでのマルミミゾウのグループ © 伊藤彩子

土を掘ってミネラルを含む土を食べていた。そういう活動を長い年月のあいだ繰り返し、また多くのゾウが何度も利用することによって次第にその場所が広がり、そのうちに草原化して、こういった湿地性草原になっていったというシナリオである。したがってゾウの存在が、バイに依存しているゴリラをはじめとする他の動物の生存にも大きく寄与していることが窺える。

原生熱帯林の中のゾウ道

ゾウによって作られたケモノ道をゾウ道と呼ぶ。普通は幅一・五メートルくらい、場所によってはほぼ直線の五キロにわたるゾウ道もあれば、硬く踏み固められた、トラックが優に一台分通れるだけの広さのゾウ道もある。アフリカ熱帯林に生息する現存陸生動物の中で最大のマルミミゾウ。それが森を闊歩すれば、藪は掃討される。多くの個体が何世代にもわたり繰り返し同じ場所を通過していけば、そこに轍（わだち）ができる。大きな獣道である。こうしてゾウ道は形成されていく。これはまるで「自然遊歩道」のようなものであり、熱帯林の中にネットワークを作っている。ゾウにとっての食物となる果実を実らす大木などとバイを繋ぐ。歩きやすいため、多くの動物が移動する際にこのゾウ道を利用する。研究者もツーリストも、歩きにくい熱帯林の中で、高頻度でゾウ道の上を歩く。

このゾウ道が縦横無尽に走っていることは、その森にゾウが多く生息していることを意味している。そこは多くのゾウが生息するだけの豊かな森と、遊動域の広いゾウにとっての十分な面積の森が確保されているといえる。ゾウ道の存在は、そこが豊かな原生林であることの象徴といっても過言ではない。

コンゴ共和国に生息するゾウも含め、アフリカの熱帯林地域に生息するゾウは「マルミミゾウ」または「森林ゾウ」と呼ばれている。サバンナに生息するゾウに比べてからだのサイズが小さめで、色は少し赤みがかっている。マルミミゾウは普通、母親とその子どもの単位で生活し、通常は五〜六頭くらいのグループで行動し、繁殖期になるとオスのゾウがメスと一緒になる。ときにはそうした単位集団が何組か集まって数十頭で一緒に行動することもある。

ゾウは葉、樹皮、そのほか植物性繊維物だけでなく、多種多様な果実を食べる。そのときに飲み込まれた種子が糞の中に混じって排出される。ゾウの首に衛星探知機をつけて追跡した最新の調査では、三カ月くらいの期間のうちに一〇〇キロくらいの距離をゾウは移動していることが示されている。このように移動距離の長いゾウは、その種子を含んだ大量の糞を森のあらゆる場所に散布していく。ゾウの移動そのものが、森の下生えからなる藪を掃討していくため、種子の発芽にふさわしい日光が適度に当たる場

ゾウの糞の中の種子からの芽生え

所をも森の中に作っていく。その結果、いろいろな場所にまかれた種子は、適切な条件が揃っていれば芽を吹く。やがて次の世代の植物が再生されていく。

このようにマルミミゾウは、バイの創生と維持、ゾウ道の形成と維持、種子散布を通じた森林サイクルの維持という点において、アフリカの熱帯林の中で極めて重要な生態学的役割を果たしているといえる。ところが、このバイは動物の絶好の観察場所でもあるが、従来からゾウの密猟の場所でもあった——。

## なぜゾウはぼくを殺さなかったのか

京都大学のポス・ドクであった一九九六年当時、ぼくは日本の大学に籍を置く形でWCSの無給ボランティア協力者として、コンゴ共和国ヌアバレ・ンドキ国立公園の森林内に長期滞在していた。森の中のベース・キャンプから何日かかけて、広域生態学的調査を実施中であった。ぼくはコック兼キャンプ係のマルセルという強靱な農耕民の男と、森をくまなく歩ける先住民のガイド・ガスコ（一一九頁参照）の二人と一緒であった。

通常、見通しの悪い森の中でゾウに出くわしたらどうするか。距離が多少あればすぐには逃げないこと。まず風向きを確認すること。われわれが風下であればあわてる必要はない。目よりも鼻の利くゾウに気付かれる可能性は少ないからだ。もしわれわれが風上にいることがわかれば、念のため自分の後方の逃げ場所を確認する。ゾウがわれわれに気付きこちらに近付く可能性があるからだ。もし直径の大きな木があればラッキーだ。万が一のときその背後に隠れればいい。さらにいえば、巨大なシロアリ塚でもあれば幸いだ。ゾウは急坂を上ることはできないから、いざというときそのてっぺんに上ってしまえばいい。鉢合わせでいきなり相手が突進してきたときは、現地の先住民ガイドの逃げる方向に一緒に逃げるべきだろう。彼らはどの方向が逃げるのに最も適しているか、瞬時に判断できるからだ。

このときゾウ道上で出会った子連れのゾウは数十メートル先にいた。偶然である。ぼくと一緒に歩いていたマルセルとガスコの二人がいち早く見つけたのだ。われわれに気付いたと思われる子連れの母ゾウはいかにも神経質そうな様子で落ち着きがなかった。案の定、母ゾウはぼくらの方にゾウ道上をいきなり突進してきた。考える暇もなく、ぼくらは散り散りに逃げた。どうやらゾウはぼくらを追えず、どこかに行ってしまったようだ。ぼくら三人は元の場所に集まって「いや、危なかったな」などと言いながら肩をなで下ろす。

ところがその直後である。ぼくらの背後にあった藪の中から別のゾウが出てきた。オスゾウだ。ぼくらは考える暇もなく、瞬時にばらばらの方向へ逃げた。ぼくは背中の重たいザックを下ろす間もない。数十メートルは走ったと思う。無我夢中であった。しかし行き止まりになってしまった。どうしようもない密な藪で先に進めない。

どうするか。じっと座っていよう。下手に動けばゾウがぼくの存在を察するかもしれない。しかし、まさか…オスゾウはぼくの逃げた方向へやってくるではないか。「どうか見つかりませんように…」と祈るばかりであった。だがそのオスゾウはもうすでにぼくの気配に感づいたらしい。ぼくから一〇メートル先に止まって鼻を高々と上げては下ろす。それを繰り返す。匂いを嗅いでいる典型的な行動だ。

とうとうぼくの匂いの方向を探知したのだろう。ぼくの方に正確にからだの向きを変えた。こちらに照準を合わせている風であった。「これは来るな…」と心の中でつぶやくと本当に突進してきた。ぼくには身を引く場所がこれっぽっちもない。「これはやられる」と直感した。まず何か一撃を食らった。しゃがんでいたぼくを足か鼻で蹴ったのであろうか。もみくちゃにされる感覚。何がなんだかわからない。数秒後であろうか、ぼくが目を開けたとき、ゾウの鼻の先端が目の前に見え、腰回りにきつく締め付けられているような感覚を覚えた。しかも地上にいる様子ではない。どうやらゾウはぼくのからだを鼻で巻きつけ、地上から持ち上げたらしい。瞬時でぼくはそう判断した。

そのままぼくを締め付けた状態で、上下に何度か振り回した。地上に叩きつけられることによる痛みやショックは感じられない。きっとゾウの鼻自体が、そして背負ったままのザックがクッション替わりになっていたのかもしれない。もちろんぼくはそのときそんなことは冷静に考えていない。ただ覚えているのは、その「振動」中、ぼくは「ギャー」と叫んでいたことだ。「こりゃ死ぬな」。ぼくははっきりそう自覚した。こんな死に方か……。

ぼくの悲鳴を聞きつけたマルセルとガスコは遠くからこのゾウを追い払うべく、大声を出しながら山刀で木を叩いたり手を合わせ叩いたりする。これが功を奏したのかどうか知らないが、ゾウはぼくを静かに地面に下ろす形で離し、そのまま森へ去っていった。ぼくは急いで二人のいる方へ向かった。手足を点検する。骨も折れていないし血も出ていない。腰の辺りが少し痛い。鼻に巻かれていたためか。しかし問題なく歩ける。死ななかったのだ。息をはずませ、彼らに起こった出来事を話す。マルセルとガスコはぼくのからだを心配してくれるが、藪の中で切った耳の切り傷以外は何ともないと答える。

一目散に逃げたときにポケットに入れていたフィールド・ノートをどこかに落としてしまった。一緒に藪の中を探しながらガスコはこう言う。「本当にラッキーだったなあ。普通は鼻でからだを振り回して、ぐったりしたところを地上に落とし、踏んづけて殺すんだぜ」。ガスコはノートを探し出してくれた。「でも、そのとき唯一逃げる方法があるんだ。地上に落とされたその瞬間、ゾウの足の間を這って、ゾウのお尻の方から逃げるんだ」とニコニコしながらガスコは話すが、果たしてそんな余裕などあっただろうかと思う。

事故にあったのは、「モコレ・バイ」と呼ばれる湿地性草原近くのゾウ道を歩いている時であった。そのバイはヌアバレ・ンドキ国立公園の南西端に位置し、コンゴ共和国と中央アフリカ共和国の国境上にあった。バイに通じるゾウ道はバイを中心に放射状に延びており、そのうちの一つはトラック一台が通ることのできる広いものであった。そのことからも、このバイは長い歴史の

バイの風景。中央部に小川が流れる

中でゾウがいかに繰り返し利用してきたかを物語っている。

「モコレ・バイ」は、マルミミゾウだけでなくボンゴやモリイノシシ、アカスイギュウなどが集まる野生生物の宝庫であったが、それゆえ国立公園となる以前は特にマルミミゾウの密猟が激しかった。象牙目的である。国立公園制定後、徐々に動物も再びバイに集まり出すようになってきた。パトロールの実施などＷＣＳプロジェクトの尽力が功を奏したのだ。ちょうどそうした時期の中でのことであった。したがって、かつての密猟のことを記憶している神経過敏なゾウがいることは承知の上での広域調査だったのだ。

ぼくがたまたま難にあったマルミミゾウも、そうした心の傷を抱えたゾウ、あるいはその血縁関係者であったのかもしれない。ぼくは、密猟者と形の変わらぬ人間であり、その人間を見たゾウが「密猟者」と判断し「殺しにかかる」のも想像に難くない。ゾウにとっての癒えぬ傷痕。それを消せる日はいったいいつ来るのであろうか？

## 泥と雨、寒さによる洗礼

森の中では沼地を頻繁に歩く。先を行く現地の先住民ガイドの通った後を忠実に辿らなければならない。うっかりそれを踏み外す。足が沈んでいく。靴はまさに泥の中にはまっていく。引き上げようにも泥の重みで足は容易に上がらない。さらに背中のザックの重量が加担する。片足をようやく引き上げるだけでも相当のエネルギーを必要としなければならなかった。うっかりすればそのまま沈んでいってもおかしくないのだ。

沼地を歩くと、ほぼ毎日、靴やズボンはぐちゃぐちゃになる。匂いも泥臭くてひどい。しかし、あるときから開き直った。別に沼地に落ちてドロドロになろうが、なるようにしかならないのだ。それがここだ。別に今日この後、美しい女性とデートするわけでもない。町を歩いたり会議に参加するわけでもない。いやな匂いを発しようが関係ないのだ。服が汚れれば後で洗えば済む。からだも川で水浴びすればそれで事は済む。相手は自然だ。太刀打ちできない。

雨に濡れると冷たい。豪雨にあうと文字通りずぶ濡れになる。動物を追っていくと藪の中を通ることが多いので傘は全く役に立たない。レインコートやポンチョは必需品である。しかしそれでも中の服にしみ込むほどびっしょりになる。雨の中、長い距離の沼地を歩くときなどはまさに頭から爪の先まで寒くて仕方がない。そんなときはキャンプに着いたら火にあたり、服とからだを乾かさなければならない。まずは何かあたたかい飲み物を飲めば一息つく。

「あんまり、日に焼けていないですね」。アフリカ長期滞在から日本に一時帰国すると多くの人にこう言われる。アフリカというと毎日炎天下の中を歩き回っていると思っているのであろうか。大方のアフリカのイメージはそうだろうから仕方ない。熱帯林は大木の樹冠で空が覆われていて、直射日光が滅多に当たらない。だから日に焼けることもあまりない。日に焼けないことこそが原生林の証といえるかもしれない。

## 植物がわかると森の中を歩くのが楽しくなる

動物はある程度、種の見分けがつくにせよ、植物など到底識別ができるとは思えなかった。植物の調査の経験がないばかりか、日本でも木や葉をじっくり観察したことすらない。しかし、ものは慣れというものだ。そのうち何となく一種類一種類の植物の違いが見えてくる。ガイドである森の先住民にも植物を現地語名で繰り返し教わる。下手ながらも葉や果実、花のスケッチをする。そうしたことの積み重ねで、やがて同じ森の中にもいくつかの森林タイプがあることがわかる。ついには森全体の構造も見えてくる。そのゆっくりとではあったが不得意に思っていたことがそうでなくなり、森全体が見渡せていくようになっていく感覚が自分でわかった。次第に毎日森を歩くこと自体も楽しくなってくる。

少なくとも何千種類もあるといわれているンドキの森の植物。当然のことながら花もそれ相当の数の種類がある。しかし実際、目にすることができるのは限られた種類だ。多くは高い樹冠で花を咲かせ、そのまま散ってしまう。それで見ることができないのだ。われわれが間近に見られるのは、背の低い木や草本類の花がほとんどだ。

熱帯の花というと、エキゾチックでカラフルあるいは毒々しい色をした花で満ち溢れていると想像するかもしれない。しかしアフリカの熱帯林には、東南アジアにあるラフレシアのような巨大な花もないし、多くは地味な色をして小さく、匂いもあまり特徴的でないものだ。そんな中、香りで惹きつけられる花は数種類あった。

一つは黄色い花弁を持つ最大直径五センチくらいの花。高さ一〇メートルくらいの割と小さい木から落ちてくる。さわやかな匂い。フレッシュさを彷彿させる匂い。きっとこれで香水を作ったら若い女の子にぴったりかもしれないと森の中で想像したりする。もう一つはマメ科の現地語名〝ベンバ〟の花。ベンバという樹木は大木だ。季節になると枝の先という先にふんだんに咲く。色は赤紫色で小さい。しかしベンバはその純林（単一の種類の樹木によって構成される森）を作るので、その時期には林床一面にその花が見られ、森の中はその魅惑的な香りで満ちる。これも香水として十分通用しそうな香りだ。対象女性の年齢層としてはもう少し上が適切かもしれない。

## ひとりぼっちではない、しかし恋しいものはある

「奥地の森に入って寂しいことはないですか」と、出会った人たちはぼくに問いかけてくる。いまでこそ、国立公園管理基地などでの事務仕事が多くなったが、熱帯林の中でのテント生活はこれまで通算しておそらく一五〇〇日程度だと思う。そのうちガイドとして雇っていた先住民なしで、完全に一人で過ごしたのは、おそらく一〇日にも満たないであろう。ほかに日本人や外国人、コンゴ人の研究者などが出入りしていたときもあるが、ガイドであった現地の先住民とだけ一緒という日々が圧倒的に多く、むしろそういうときの方が気楽であったのは覚えている。だから孤独による寂しさを味わったことはほとんどないといってよい。数カ月も経てば現地の言葉に慣れ、先住民とも言葉による問題は次第になくなっていったので日常会話にも事欠かなかった。

緊急の用事（たとえば先住民の家族の訃報等）があって村からまさに飛脚のようなメッセンジャーが来ることを除けば、完全に外から遮断された状態であった。いまでこそコンパクトな衛星電話による直接通話やメールの送受信は奥地のキャンプ地でも当たり前になりつつあり、無線機を常設しているところも多い。しかしぼくがコンゴ共和国に入った当初、コミュニケーション手段が極めて限定されていたという点では、情報過多の都会から考えると寂しい世界が想像されるのかもしれない。同じキャンプ地に日本人がいなければ、日本語を話す機会もない。おもしろくないラジオ・ジャパンなど無理に聞きたくなかったので日本語を聞くことすらない。

「そんなに長くいて、日本のことや食事が恋しくなりませんか」という質問も多い。日本食では恋しくなるものはラーメンくらい。しかしそれほど渇望しているというほどのものではない。たまにスパゲッティでラーメン代わりのものを作ったことはある。日本から持ち込むものは、梅干、乾燥わかめ、乾燥味噌、醤油くらい。お酒については喉がカラカラになったとき、冷たいビールはよく頭に思い描いていた。しかしそれだけだ。「ないものはない」のだ。

川での水浴びも気持ちいい。でも、ときおり学生時代から毎日のように通った京都の銭湯が恋しくなることはある。そんな日常のささやかな楽しみは、寝る前の数十分小説を読むこと、そして寝ている間に見た夢をノートに書き留めること。森での生活というのはすぐにでも逃げ出したくなるような荒唐無稽なものではない。少なくともぼくにはそうであった。

## 基本の食べ物と装備

必ずといっていいほど、「〝ジャングル〟ではどんなものを食べているのですか」という質問をされる。森の中での生活における食料品の原則は、町での買い出し、森への担ぎ込みである。とはいえ実際に森へ持っていくものは保存の利くものでなければならないので、勢い種類は限定されてくる。主食とおかず、それと若干の味付け用の品と最小限の嗜好品のみだ。たとえば、塩、食用油、いわしの缶詰、コンビーフ缶、干し魚、米、スパゲッティ、タマネギ、ニンニク、トマトペースト缶、ピーナッツ・ペースト、固形マギーブイヨン、砂糖、ミルクパウダー、コーヒー、紅茶など。

これに現地の主食でもあるキャッサバのイモが加わる。イモの加工の仕方・食べ方は何通りかあるが、日持ちがよい点で森へ持っていくのに都合がよいのは、現地でフフと呼ばれる粉状にしたものである。調理するときは、この粉を熱湯でといて餅状にする。慣れないと酸味がかった独特の匂いが鼻につくが、餅感覚は日本人にとって違和感を感じさせないので、たいていの日本人は問題なく食べることができる。難点は餅状であるのであまり一度に多く食べられず、しかも消化がよいせいかすぐに腹が減ってくる点である。

初期の調査中に法の範囲内で動物猟もしていた。銃猟である。狩猟は森での生活に最低限必要となる量のみ、保護区（当時はまだ国立公園になっていなかった）の外のみに限る、狩猟禁止の動物種以外に限るなどという合法上の条件付きで、現地の人が動物猟を行っていたのである。たとえばダイカーとかカワイノシシ、幾種類かのサルなどがそれに相当した。

獣肉料理はぶつ切りで煮込みである。塩とピリピリ（唐辛子）で味付けする。もしトマトペースト缶があればそれも使うことがある。ぼくが最も好んだのは内臓の包み焼きである。とれたての動物の内臓。心臓、肺、胃、肝臓、腎臓などを小さく切って塩と唐辛子だけ加える。血が汁代わりだ。これをクズウコン科の大きな葉で包む。そして弱火の焚き火で蒸し焼きにする。これがうまい。肉はときにぼくの歯では硬いときがあったが、内臓は軟らかく歯にもよい。ビタミンも豊富だ。

ぼくが食べた経験があるその他の動物は、ワニ、リクガメ、センザンコウ、ヘビ、そしてゾウ（実際はゾウの肉と知らずに出された肉を食べたのだ）である。ダイカーは肉の硬さに個体差があるが、基本的に軟らかいのと、ウシ科だけあって味は悪くない。イノシシは脂肪分が多くちょっとくどい。サルは概して肉が硬くあまりうまいとは思わなかった。ワニは、ちょうど魚とトリ肉の中間くらいの食感であった。カメはあまり食べるところがない。肉も生臭い上に内臓も捨ててしまう。センザンコウはヒョウによっていましがた殺された死体であったが、味は少しくどかった。ゾウについては脂っこかった記憶がある。

実はヘビは数回食べたことがある。一メートルくらいの長さで三センチくらいの直径を持ったヘビをどう調理するかを一度つぶさに観察したことがある。まず、からだを開く。そして身を叩き軽くあぶる。後は適当な大きさに切ってほかの料理と同様に塩とトウガラシをベースに煮込む。ウナギに似た食感だった。一度ニシキヘビを食べたことがある。解体すると中央の骨と表皮との間にものすごい量の脂肪が含まれていることがわかった。それは一つ一つ数センチくらいの玉状になっていて、いわば「あぶら袋」のようなものだ。地元の人はこの「あぶら袋」もそのまま煮込みに入れる。これが脂っこく、とても食えたものではなかった。

一九九三年の国立公園設立後は、国立公園とその境界の河川での動物の狩猟・捕獲、漁労は一切禁止された。例外は、食用となる昆虫、キノコ、イモ、葉、果実で、ハチミツ採集も木を切り倒すことがなければ許可された。食用となる森の植物の種類は意外と少ない。主要な食用果実の種類はいくらかあっても季節が限定されている。たいがい甘酸っぱい味だ。種子をピーナッツのように食べられる果実もある。先住民にとって従来から重要であった数種類の種子は、炒ってすりつぶしてからペースト状にして、煮込みものの味付けとする。

食用葉で代表的なのは「ココ」と呼ばれる葉だ。つる性植物で細かく刻んでから煮込み料理に入れる。これはうまい。町の市場でも日常的に売られている。野菜の不足する森でのキャンプ生活には欠かせないものである。食用の野生イモも数種類あるが、あまり頻繁にはお目にかかれない。キノコは主に二種類。これも煮込みに入れる。季節限定だがおいしい。

食用昆虫は幾種類かある。まずはシロアリ。羽化する時期にその飛びはじめのシロアリを集める。それを炒ってからすりつぶす。するとまさにピーナッツクリームのように香ばしいものとなる。そして毛虫。これは塩とピリピリで味付け、串に刺して焚き火であぶる。うまく焼けると本当に香ばしい。実際は火加減がむずかしく表面だけが焦げてしまい、それを食べると中がまだ生のような感じのときがある。先住民たちはそれでも平気で食べていたが、ぼくはその中身のブチュッとしたあの感覚がどうしてもだめだった。カブトムシも食用だ。外殻の付いたまま煮たきをして、その後、硬い殻をむきながら中の軟らかい部分を食べる。

森の中で生活するときは、日中は通常歩いているので昼飯は抜きだ。一日二食の生活はぼくには全く違和感なく受け入れられた。森に出発する前のまだ暗い明け方にもりもり食べることもできた。特に夜はお皿に大盛りのご飯を四杯も五杯も食べていた。おかずは少ないけど、とにかく米はよく食べた。一九九一年から一九九二年にかけて一三カ月森の中に滞在したときは、終わってみれば五キロも体重が増えていた。野菜等はほとんどとることはできなかったが、便秘に困ることもなかった。

とはいえ、毎日食べ放題というわけにはいかない。ひもじい思いをしない程度に、一回の食事の量を制限する必要はあった。この食料の量については初期の頃は試行錯誤の連続であった。しばらくしてから、村からの補給体制というのを作り出してみた。つまりわれわれ研究者は森に残ったまま補給役の役割を担った村人が食料とポーターを編成して、月に一度、指定した日に森へ物資を運んでくるというシステムだった。概算して、たとえば合計六人のキャンプ生活者で三カ月に必要な食料や装備は約一五〜二〇人のポーター（一人あたり二〇キロほどの荷）を雇えば森に運び入れることができた。

もちろん何でもかんでも森に運び入れることはできない。嗜好品はカットせざるを得ない。せいぜいコーヒーや砂糖、先住民にとって欠かせないタバコ程度だ。酒の持ち込みは一切禁止した。個人の希望に合わせてありとあらゆる種類のものを持ち運べばポーターの数は膨れ上がる。その数を最小限にしなければならないというのは忘れてはいけない大原則である。原生林という自然界へ入るには人間によるインパクトを最小限にするべきだということを、全員がそれぞれ了解の上で我慢しなければならない。

それに森に持ち込むものは食料だけではない。ピクニックではないのである。鍋、皿、コップ、スプーン、水用タンクなど炊事道具に始まり、マッチ、ローソク、マチェット（山刀）、ヤスリ、懐中電灯、電池、トイレットペーパー、石けんなどの日用品、それにテント、グランドシート（簡易小屋の屋根代わりにする）、スリーピング・マット、シュラフなどのキャンピング装備が加わる。調査に必要な道具（ノート、筆記用具、地図、コンパス、双眼鏡、カメラなどなど）も言うまでもない。

食料や装備を劣化させないためにはきちんとした管理が必要だ。高い湿気のためである。その点、キャンプでの物資の保管方法には最大限の注意を払わなければならない。もし食料が悪くなれば森での滞在期間を縮める結果となるし、カメラなどの機械類が動かなくなれば十全な調査を履行できなくなる。カメラやパソコンなど精密機械はキャンプでは常に密閉容器にシルカゲル（乾燥剤）とともに保管する。湿気でこうした機械類が動かなくなった例、あるいはレンズなどがカビでやられてしまった例はいくらでもあるからだ。

## 野生動物は概して危険がない

アフリカのジャングルといえば、おどろおどろしい世界で、そこには小さな虫たちだけでなく、大蛇と猛獣がいて危険で野蛮なところ、そういう思い込みが少なくない。熱帯林に生息するどの動物も基本的にはおとなしい。想像するほどの危険はないといってよい。こちらが、ひどく相手を驚かさない、静かにしている、相手に異常に接近しない、武器を持たない、そうした条件さえ守ればわれわれに危害を加えてくることはまずない。それ以外でもし問題になるとしたら、視界の悪い森の中でお互い急に鉢合わせたときだ。

突如、森の中でアカスイギュウに出くわしたことがある。こちらが考える暇もなく猛烈な勢いでわき目も振らずわれわれの方に突進してきた。ぼくと一緒にいた先住民ガイドの一人は、「早く木に登れ！」とすでに登った木の上からぼくに向かって叫ぶ。ぼくも判断の余裕はない。すぐ横にあった直径二〇センチくらいの木にしがみつくように登った。せいぜい二メートルも登っていないだろう。アカスイギュウはそのまま木の下を走って通過していった。危機一髪といえばそうだが、しかしこんな経験も二五年以上アフリカ熱帯林と関わってきて一度きりである。

熱帯林の中の最大の肉食獣はヒョウである。しかし藪の多い森の中でヒョウに直接お目にかかることはめったにない。ときおり先頭を行く先住民が数十メートル先のブッシュの中を通り過ぎていくヒョウの姿を見たとか、ヒョウの気配のする音を耳にするくらいだ。ブーンブーンブーンすら事故にあったという話は聞いていない。というその音は、まるで何か機械仕掛けの低音が鳴り響いているようにも聞こえる。先住民によると、それはヒョウが尻尾をぐるぐる回している音だという。そういうときは少し迂回しつつ、そろりそろりと通り過ぎることにしている。ヒョウについては、われわれはもちろん地元の人ですら事故にあったという話は聞いていない。

チンパンジーは肉食であり、ダイカーやサルなどを狩猟する。しかし直接人間に攻撃を加えてきたという話は聞かない。危機一髪の出来事は一度だけあった。そのときぼくはテレビ隊と森の中で一緒であった。撮影の対象となったチンパンジーは異常に興奮していた。複数のチンパンジーがわれわれの周囲を樹上から取り囲むようにしていた。そしてわれわれ全員が一頭のチンパンジーの方に気をとられていた隙に、別の角度にいたチンパンジーが大枝を落としてきた。そこはカメラマンの真上だった。「危ない！」と叫んだが、瞬時のことで彼が逃げる余裕はなかった。幸い大枝は彼に当たらなかったが、すぐ近くに落ちたことは確かだ。撮影を気味悪がって、他の個体にカメラマンの気をとらせつつ、わざとカメラを持っている人間にめがけて枝を落とした風に思えたのだ。

ゾウとは稀に事故があることは聞く。ぼくも一度事故にあった（四二頁参照）。しかし、たいていの例は人間側がむやみにゾウに接近しすぎた、見通しの悪い森の中で突然出くわした、小さな子どもを抱えているメスゾウがいる、あるいはかつて密猟が激しかった場所でゾウが緊張している、といった状況である場合が多い。

## もし危険な動物をあげるとしたらヘビかもしれない

森を歩いていても、そうそうヘビに出会うものではない。森の先住民と一緒に歩けばまず大丈夫だ。彼らはたいへん目が良くて、数十メートル先の保護色のヘビにすら気付く能力を持っているからである。もちろん咬まれたら猛毒即死の種類もいる。毒針を含んだ唾液を吐き出す種もいる。また、地面だけでなく、地上から数メートル上の枝にからみついているときもあるので、ぼんやり森の中を歩いているのは危ない。

ただ注意していても気付かぬことは稀にある。ある日ぼくはヘビを踏んでしまった。踏んでから動き出したヘビにぼくの後続が気付く。よく見るとヘビは片目がつぶれ血を流していた。ぼくが踏んづけたせいだろう。このときヘビはとぐろを巻いて昼寝をしていたようだ。しかし下手に尻尾の方だけでも踏んでいれば、目を覚まし一瞬のうちに頭を上げてぼくの足首辺りを咬んでいたかもしれない。ヘビが小さかったことも幸いした。

ある日の広域調査のときだった。小さな川を渡ると一部が沼地状になっていて、水面下が泥で見えないところがあった。先住民ガイドの一人は沼地から岸に上がるや否やうずくまる。水面下でヘビに咬まれたという。すごく痛がる。広域調査の途中だったので、すぐには村や町には引き返せない。選択の余地はなかった。何としてもヘビの毒が全身に回るのを回避しなければならない。彼の悲鳴も構わず、傷口の周囲をすばやくカミソリで切開し、いつも持ち歩いているエクストラクターという道具ですぐに毒が含まれていると思われる傷回りの血液を何度も吸い出す。そして人に注射した試しなど生まれてこのかたなかったが、蛇血清を打つ。そして傷口を消毒。包帯を巻く。痛み止めの錠剤を与え、傷口化膿防止のために抗生物質も飲んでもらう。

すごい回復力だった。しばらく休むとだいぶ良くなってきたようだ。もう歩けるという。われわれはしばらく歩いて、予定した地点まで移動しキャンプを張る。彼の様子はいい。食欲も普通だ。たいしたものだ。夜は彼のことが心配でなかなか寝付けなかったが、翌朝にはすっかり元気になっていて、われわれは広域調査を続行することができた。

ぼく自身が目の前でヘビに出会った事例。ある日、ぼくは森の中に腰を下ろして、木にもたれかかってノートに書きものをしていた。下生えのほとんどない原生熱帯林の森は、この世で最も美しい光景の一つだろうと思えるくらい静かであった。ふと前方に目をやるとヘビがいた。まさに青天の霹靂だ。それも大きい。頭が黄色く胴体は黒光りしている。いかにも猛毒そうだ。二メートルくらいの長さだ。とっさに立ち、ヘビを見る。目と目が合う。とびかかってきたらどうしようと思うや否や、じっとぼくを見つめていたヘビの方から退散してくれた。きっとヘビもびっくりして、最も怖い思いをした瞬間であったのかもしれない。

大型のヘビにも何回か遭遇したことがある。ニシキヘビの仲間は毒を持っていないが小型動物ならそのまま飲み込んでしまう。一度、腹をまるまる膨らませてその重さで身動きの取れなくなっているヘビに出会ったことがある。ちょうどいましがたダイカーくらいの大きさの動物を飲み込んだばかりだったのかもしれない。一方、猛毒の大型ヘビもいる。ガボンバイパーと呼ばれる。万が一咬まれれば五分ともたず即死だという。

最も困難を極めたヘビの事件——。ある朝、国立公園基地にいると先住民の一人が森から戻ってきて、険しい形相をしながら彼はベブチという名の仲間が毒ヘビに咬まれたという急報を持ち帰ってきたのだ。「早く森に来てくれ」とぼくに言う。選択肢はない。基地での用事を瞬時に済ませ、一泊分の食料と装備を準備し、別の先住民の早足について一二キロ離れている森のキャンプ地へ歩きだす。ベブチに処方をするためだ。

途中、別の先住民と森で出会う。咬まれたベブチの容体は良くないという。しばらく歩くと、別の男に肩を担がれ歩いてきたベブチに出会う。ベブチは足首辺りの咬まれた傷の方の足を血だらけにし、杖をついて歩いてきた。彼はやや興奮気味だったがまず落ち着かせ、エクストラクターで傷口から血と毒を吸い出す。そして、蛇血清の注射を、傷口の周り、足の筋肉に数カ所、尻にも一発、打つ。あわててはいけない。もし注射器に空気が入っていると、それが血流にのって心臓に重大事をもたらすからだ。最後に傷口を消毒し、軽く押さえてガーゼで巻く。

ベブチが少しでも歩きやすいように、先住民のガイドたちにわれわれの歩くゾウ道の前方の草本類（そうほん）などを切ってもらう。村にだいぶ近くなった時点で、先住民の一人を村へ早足で送る。ベブチの歩行を補助するための応援隊の依頼と、彼が村からすぐに病院のある町へ移動できるよう、四〇馬力の船外機とボート、必要な燃料を用意しておいてもらうためだ。足から全身に毒が回りかねない可能性を最大限回避するために、ベブチの足のふくらはぎと腿の辺りはつる性植物でかなりきつく縛っている。ベブチはこれが痛いという。少し緩めるとそれで動きやすくなったのか、何とかスムーズに歩けるようになった。

やがて応援に来た人々に会う。村から四キロ離れた地点にあるワリという名の沼地を渡るのはベブチには不可能だった。思うように足が動かないからだけではなく、傷口にバイ菌が入りかねないからだ。そこで応援隊が交代で彼を担ぎ、沼地の水に濡らさぬようにした。村に着けばボートも周到に用意されていた。

先住民の伝統的民間療法では、ヘビに咬まれたときにその患部に貼る樹皮がある。おそらく体液の吸引力や消毒の効果があるものなのだろう。これは限定された植物種であまり頻繁に発見できる種でない。また町では「ブラック・ストーン」と呼ばれる小さな石が売られている。これを患部に当てよというのだ。吸引力の強いものだと想像される。ベブチの事件のときに先住民はその樹皮を探したが見つからなかったため、このブラック・ストーンを併用しガーゼと共に患部に当てた。

町の病院に運ばれたベブチはその数週間後、無事に村に生還した。ベブチ救済リレーが見事にアレンジされた結果かもしれない。

「じゃあ、動物以外で、森の中で怖いものは何ですか」と質問者は責めてくる。ぼくの怖いものの一つは雷。これは熱帯林に限らない。日本でも怖い。小さい頃からそうだった。ぼくは小さい頃、雷が鳴ると怖くて、親あるいはほかの大人のいる場所にすぐに駆け込んだ。「雷雲は、ものすごい早さで動いていくんだよ。だから雷はすぐにやむからね〜。大丈夫」という言葉を大人から繰り返し聞きながら、びくびくおびえていたのを思い出す。

一度、森の中で度肝を抜く経験をしたことがある。夕方うす暗くなる頃、激しい雷雨となった。ぼくはグラウンドシートが屋根代わりになっている小屋の中に座り、雨の様子を見ていた。ところが「ドカーン！」と一発、雷が目の前に落ちたのだ。小屋の隅の外に置いてあった金属製の鍋に落ちたのだ。

## リンガラ語ことはじめ

初期の頃、何とかスムーズに調査を進めたかった。森のガイド役としての先住民たちの協力は不可欠だった。ボマサ村に居住するバンツー系農耕民の人たち（本書では単に村人と呼ぶ）とも良好な関係を保たなければならなかった。それには言葉によるコミュニケーションがとりわけ大切なのは言うまでもない。村人、先住民共に通じる、コンゴ共和国の第二公用語であるリンガラ語は少しずつ覚えていくしかなかった。見よう見まねのカタコトである。それでぼくは自分をちょっとずつ主張していく。森の中での調査という自分の仕事内容を伝える努力をしたかった。

リンガラ語は、コンゴ民主共和国（旧ザイール）の西半分とコンゴ共和国のほぼ全土で共通するローカルな言語だ。コンゴ共和国の第一公用語はフランス語だが、習ったこともないフランス語をいきなり習得するのはぼくには困難であった。文法は複雑で発音も容易でない。英語は通じない。だからもっと簡単なリンガラ語を先にマスターしたかったのだ。実際に森の中では先住民の中でフランス語を十全に理解できる人は少なく、リンガラ語の方が彼らとはスムーズにコミュニケーションができた。

ンドキへ行く前、京都でも少々のリンガラ語を習う機会はあった。ぼくの出身である京都大学の人類学研究室界隈には、コンゴ民主共和国の各地で研究をしてきた先輩方がいた。皆リンガラ語をマスターしていた。そのうちの一人が簡単な日常会話と数字などを事前に教えてくれたのだ。確かに文法は英語に類似していて、しかも英語より簡単だし、単語の発音もほぼローマ字式で日本人にはわかりやすく発音しやすい。

リンガラ語の特徴の一つは単語の数が少ないことだ。色については特におもしろい。三つの表現しかないのだ。一つはペンベ（白）、二つ目はモインド（黒）、最後はモタニ（赤）。ほかの色はどうするのか。青はモインドの範疇に入る。緑もそうだ。灰色とか水色、そして透明はペンベになる。黄や橙、ピンクはモタニである。必要ならばフランス語から対応する色の単語を引っ張ってくる。

しかし現地経験がないと、なかなか実践的に会話などできるものではない。ンドキに着いた当初、現地の人との会話にはもっぱら当時の直接の指導教官であった黒田末壽（すえひさ）氏が立ち会った。黒田さんは長年旧ザイールでボノボの研究をしてきたので、リンガラ語はペラペラだった。ぼくは黒田さんの間近でリンガラ語を真似、実際に森の中では必需単語を教わる。森、川、動物、木、葉、果実、花、草、食べ物、水、大きさや重さに関わる単語などなど。

やがて一人になる。もう選択の余地はない。実践のみだ。生活に必要なことを話さなければならない。森の中で片言だが森の先住民と話しだす。飛躍的にリンガラ語が上達したポイントがあった。はじめの三カ月の調査後、ぼくは首都ブラザビルへ出た。まったくの一人で市場へ行った。必要な補給物資を探して購入するためだ。日本にいたときに研究室の先輩が持っていた英語・リンガラ語の辞書を縮小コピーしたものを携帯して、必要な物品を探しながら値段の交渉をする。人々は気さくに応対してくれる。日本人が彼らの大衆言語であるリンガラ語を話すというので、おもしろがってどんどん話しかけてくる。ぼくの仕事のことや森の中のことをたくさん聞いてくる。ぼくは知っている単語で何とか対応する。「待つ」という単語の命令形はすぐに覚えなければならなかった。なぜならば、わからない単語を聞けばそのたびに「待ってくれ」と言って、片手に持っていた辞書でその単語を確認するためだ。その繰り返しだった。

仏語は日本にいる何カ月か週一回のコースに通ったが、授業はちっともおもしろくなかった。結局、何も成果のないまま、またコンゴ共和国に戻ることになったのである。しかし年月が経つにつれ、国立公園の近隣に存在する外資系の熱帯材伐採会社の白人と会う機会が増えてきた。仏人がほとんどだ。直接の会合だけでなく無線連絡や手紙や文書の作成で、仏語を使わざるを得ない状況に迫られた。「通じればいいのだ」とそれだけ思って、多少文法や発音がでたらめでも、話すしかない、書くしかない、と開き直る。コンゴ人スタッフもぼくを助けてくれた。どこかの授業やコースでの理屈でなく、現場実践あるのみだった。

結果的に、仏語は急激に進歩することはなかったにしても、徐々にではあるが自然に習得していった。コンゴ共和国では「アフリカ人仏語」に慣れ、その発音は本場フランスでの仏語の発音よりぼくにはわかりやすかった。たぶん自然にそれに慣れてしまったのだろうか。一度パリに出たときに、コンゴ共和国にて実戦で習得した仏語で仏人と話そうと意気込んだが、ちっとも相手に通じなかったときは少なからずショックを受けた。二五年以上経ったいまでは、パリの生粋仏人相手であっても、日常会話は何とかこなせるまでにはなった。しかし文法などまともに勉強したことがないので、いまだに文章は正確には書けない。

「まずは言葉ができなくてはいけませんよね～」と人は必ずぼくに尋ねる。確かに言葉ができたに越したことはないかもしれない。コンゴ共和国で何かをしようとするのなら、コンゴ人とのコミュニケーションは不可欠であるのは疑いようがない。特に外国人研究者や国立公園管理関係の外国人スタッフで雇用される人は、まず仏語を話せることが条件となる。しかし仏語ができるがゆえに地元の人とどれだけいさかいを起こしてきたか、ぼくは数限りなく見てきた。言葉は繊細なものであり、同じ言語であっても下手をすれば相手に通じないこともあるし、ときには傷つける。相手の立場やその時々の気持ちも配慮しながらの、しかも可能な限り筋道の通った会話が肝要なのである。特にバックグラウンドの異なる外国人とコンゴ人との間であればなおさらだ。

「話し言葉は一度言えば消しゴムで消せない」と、昔、母から教わったことを思い出す。
逆に仏語などひとつもしゃべれない人が、不思議と現地の人とうまく仕事が進むような例も数多く見てきた。言葉は片言でも気持ちは伝わるものなのだ。誠意なのかジェスチャーなのかは知らないが、人間とはいかにも不思議なものである。デリケートな人間関係の機微を理解している人なら、どこの国であれ、また自分の国であれ、言葉に頼らずコミュニケーションがスムーズにいくのかもしれない。

だからといって、長期に滞在する場合は言語の習得努力を怠るわけにはいかない。必要なことは、新しい言語を学ぶ意欲（学ぶスピードは関係ない）と、相手が誰であれ、ひと筋縄ではいかない人間関係とコミュニケーションの文脈に留意する姿勢なのではないかと思う。自分を主張することもときには必要だが、「聞き上手」になることはもっと大切であろう。特に、コンゴ共和国の人の多くはまだ「ネット人間」ではない。面と向かっての会話が外せない。

# 4　熱帯林養成ギプス、内戦、そして保全業へ

## 調査領域の拡大と研修プログラム

一九八九年から一九九二年にわたる調査を終え、ぼくは当時ほとんど解明されていなかった「原生熱帯林に生息するニシゴリラの食性とその熱帯林で生産されるゴリラの採食物の生産量との関係」というテーマで論文をまとめた。一九九四年の春である。しかしその後も現地での長期調査を継続することに決めた。熱帯林に生息する様々な生物は決して独立した存在ではなく、互いにひしめき合い、何らかの関係を保持しつつ熱帯林全体の「生態系システム」を構成している。ならば、これからはゴリラだけでなく、他の動物、植物などにも目を向け調査地も拡大していきたいと考えたのである。

こうした拡大された調査はとても一人ではできない。一九九三年のコンゴ共和国での内戦のあおりで、一九九四年以降の文部省（現・文部科学省）からの研究資金取得が困難になり、学術奨励金で何とか研究の継続が可能であったぼくを除いて、他の日本人研究者は事実上コンゴ共和国に来ることができなくなった。そこでぼくが、細々ではあったが開始されたコンゴ人若手研修プロ

グラムを拡張しつつ、彼らとの共同研究を始めることにした。

将来の研究活動を担っていくコンゴ人若手研究者の人材が不足しているというのが当時の現状であった。コンゴ共和国の熱帯林についてなら、コンゴ人自身による森林のあり方を理解するための動物や森林の生態学的基礎研究は不可欠である。しかし、大学で森林学を学び卒業したコンゴ人やコンゴ政府の森林省に勤める若手スタッフには、資金難のため森に入り調査・研究を実施する機会はほとんどない。開始した研修プログラムは、そうした意欲ある若手人材への機会提供の場であったのだ。科学的知見は先進国の研究者に独占されるべきものではない。

筆者のもとで研修中のコンゴ人若手研究者。内戦が勃発したとき、このうち二人はヌアバレ・ンドキ国立公園の森の中に残されたままだった

コンゴ共和国の町に住む多くの人は、自分の国の野生生物の生態や熱帯林の現状について知らない。知る機会がないのである。だから既成観念でものを言うしかない。たとえばゴリラは凶暴な動物だと思い込んでいる。ゾウは危険で怖い動物だから撃ってしまうべきだと。また彼らにとって多くの動物は単に食べ物としての対象にしか過ぎない。彼らが知っているのは「肉としての」死体となった動物だけであった。そこに必要なのは、野生動物に関するコンゴ人による適切な情報とその提供の場である。コンゴ人自身が認識し、コンゴ共和国の持つ熱帯林の将来を考えていかなければならない。「先進国主導型」にはなってはいけないのである。

## 研修プログラムの序幕

ＷＣＳの協力で始まった研修は、通常、次のような段取りで進めた。研修者が初心者の場合、一回の研修期間はおよそ三カ月とする。最初の一カ月目、彼らは自由に森を歩き、まず自分の目で森を観察する。地図の読み方、コンパスの使い方、森を歩くときの注意点、キャンプの運営・維持など調査に必要な基本的技術も学ぶ。二カ月目には、何に興味を持ち、何を研究の対象としたいか話し合い、それまでの研究の進行状況や実現性を考慮に入れて調査計画を立てながら、同時に基本的調査方法の実地トレーニングを受けデータ収集を開始する。最後の三カ月目には指導者なしで自分の力による調査の実施を試みる。

ぼくが最も強く指導しなければならないことがあった。ときにはぼくも〝星一徹〟になった。研修者の心に〝養成ギプス〟なるものをつけざるを得ないときもあった。各人の健康管理への注意喚起は言うまでもない。キャンプ運営に関わる食糧の管理と健全な衛生状態の確保である。食糧管理も調査遂行に重要な仕事の一つとして交替で受け持つように徹底的に指示した。

研修後、首都ブラザビルに戻ってからは、彼らは自ら収集したデータをもとにレポートを作成することになる。必要に応じて、データ整理の仕方や分析法、レポートの書き方の指導を受ける。さらに機会をみてセミナーを開催する。これはコンゴ人研修者が自分の野外研究の成果を発表する場であり、またセミナー参加者であるコンゴ人がコンゴ人同士で自国の森のありようについて議論する場でもある。われわれはこうしたセミナーをこれまで何度か実施した。そこでは活発な討論が行われただけでなく、コンゴ共和国のテレビ局やラジオ局によって他の多くの大衆にも報道され好評を得た。

一九九七年前半に至るまで、ぼく自身は合計九人の若手コンゴ人の研修に関わり、彼らと共に共同研究を進めた。研究対象は、ゴリラ、チンパンジーに限らず、他の昼光性のサル（特にホオジロマンガベイ）も含まれた。熱帯林の生態系で極めて重要な位置を占めるアリの研究にも着手した。ンドキという原生熱帯林にはどのような植物種がそれぞれどのくらいの密度で生育し、またその分布はどうなっているのか、花や果実はどの時期に生産のピークを迎えるのか等、植物調査も研修テーマの一つであった。

当時より二〇年の歳月を経たいま、WCSコンゴ共和国では、こうした研修生の何人かが各プロジェクトの責任者となり活躍している。ぼくが目指していた「コンゴ人によるコンゴ人のためのコンゴ共和国の国立公園、自然、野生生物のマネージメント」が実現されつつあるのである。ぼくは現在、彼らのアドバイザー的な役割であり、日々必要に応じてバックアップを心がけている。

## コンゴ人研修者の躍進と転身

現在四〇代半ばを過ぎているコンゴ人青年に出会ったのは、一九九四年のことであった。ぼくがコンゴ人の若手研究者育成のための「研修プログラム」に着手しようとしていた頃である。青年はンドキにおけるぼくとの共同研究を通じて簡単で基礎的な生態学の調査法を習得していった。大学を卒業しても就職チャンスのなかった彼には、調査諸経費のみならず多少の「無償奨学金」

も給付した。

ヌアバレ・ンドキ国立公園内の湿地性草原バイに出てくる動物のモニタリングができるコンゴ人共同研究者を探していた当時のＷＣＳコンゴ共和国局長マイク・フェイは、この青年を雇い上げる旨をぼくに申し出てきた。彼にとっても興味を持ち出した野生動物の調査研究の分野で、しかも給与を受け取りつつ継続的に仕事をできるというのはまたとないチャンスであった。彼の研修に関わったぼくとしても、そうした彼の躍進は限りなく喜ばしいことだった。

そうした経験を買われ、青年はＷＣＳの正式な契約者となり、さらに重要なポストを歴任していくことになる。国立公園管理・運営に関わる事務的仕事、対密猟者パトロール隊のアレンジ、周辺地域の簡単な住民調査などである。この青年は国立公園の調査・保護・運営諸方面においてコンゴ共和国の民間人として責任者の一人にまでなったのである。

この青年が熱帯林研究と保護に携わるようになってから約一〇年後、突然「奴はもうこれまでのＷＣＳでの仕事を辞めて、近隣の伐採会社に就職した」と聞いた。悲しいというよりむしろ驚きだった。そのメッセージの文脈からすると、彼は自らの決断でこれまでの仕事を放棄したようである。彼にとって、「自国の熱帯林とそこに生息する野生生物を研究し保護する」とい

伐採道路に設置された検問所において
違法野生生物取引を防止するパトロール隊

うことは何であったのか。そうすぐ簡単に「保護」とは立場を異にする森林伐採の仕事に転身できるものなのか。

アフリカ熱帯林を所有している国々の中で、経済的に豊かでない国々にも「生物多様性」が存在している。地球規模での「生物多様性保全」という認識に立てば、経済的に比較的余裕のある先進国が資金面を支持しつつ、当事国の人々の研修や彼ら自身による調査研究あるいは国立公園管理体制というものを共同で確立しサポートしていくのは急務の課題であろう。そうした過程を通じてこそ、実質的に当事国に根付いた「国家保全戦略」が生まれる素地ができあがるにちがいない。

こうした国々に対し、われわれ先進国は、そしていまや新興国も、かたや木材や鉱物資源を目当てにした開発を謳い、かたや自然保護を訴える。経済的に困難な問題を抱える国家としては、経済効果が最大限に上がるのであれば、極端な話、どちらでもよいのである。基礎調査やそれに基づいた保全概念が根付いていない現在、それはなおさらである。政府関係者だけでなく民間人や土地の人々にとっても状況は同じである。むしろわれわれよそ者は彼らを戸惑わせている。彼らにとっては同じ一つの森を、一方では開発し、一方では守るなどと勝手に嘯(うそぶ)いているとも受け取られかねないのである。

当事国の人にとって本質的に必要なのは明日の糧である。食料や塩、油、そして鍋や衣料品などをどうやって調達するかという切実な問題が先行する。子どもを学校に行かせられるかどうかという深刻な事態もある。そこが前出した青年の転身の理由の一つであった。ＷＣＳより伐採会社の方がずっと給料がよいのである。彼が一〇年間かけて学んできたはずの「保全」への経験と考えは、より給与額のいい伐採業という「開発」の波にあっという間に粉砕されてしまったのである。

伐採会社が倒産すれば、この青年もまた「保護側」に転身するかもしれない。彼はまるでわれわれの手のひらの上で踊らされているだけのようにも見える。「地球規模での環境保全」を真剣に考える時期にきているのに、いったいわれわれは何をやっているのであろうか。果たして彼は二〇一五年にＷＣＳに戻ってきた。ぼくにとってはまた一緒に仕事ができるという点でうれしいことこの上なかったが、彼の人生にとっては「再転身」である。ただ、彼が心底、保全に貢献したい思いであるのかどうかはわからない。

## 内戦勃発

一九九七年六月、たまたま首都ブラザビルに出ていたぼくは買い物のためにＷＣＳブラザビル事務所のコンゴ人スタッフの一人と町へ出かけた。町の中心部へ到着する頃、人々の群れに出会う。昼前の時間帯であるのに町の中心部から出てくるのだ。銃撃戦があった、だからもう仕事を引き上げて家へ帰るのだという。案の定、目的の店はすでにシャッターが下りていた。

しばらくしても銃撃戦が沈静化したという情報はなかった。政府軍と反政府派との間で内戦が勃発したようだ。コンゴ共和国は一九六〇年の独立後、共産主義国家であった。一九九二年の民主化へ向けた大統領選挙において民主主義政党による政権が初めて成立したが一九九三年に内戦勃発。そして一九九七年、再び大統領選挙が行われようとしていた。その選挙絡みで戦闘は始まったのだ。戦火は徐々に拡大、寝泊まりしていた首都のＷＣＳ事務所周辺でも銃声が聞こえるようになってきた。鎮圧のため旧宗主国のフランスから軍隊も到着したと聞く。

砲火は続く。コンゴ人のＷＣＳ職員はもう出勤してこない。事務所に一緒にいたＷＣＳのアメリカ人二人はアメリカ大使館などに電話する。外国人は決して外出するなと警告を受ける。仏兵はすでに二人死んだらしい。ぼくは隣国コンゴ民主共和国の首都キンシャサにある日本大使館から電話を受けた。キンシャサへ脱出する便に乗れるかもしれないと聞く。情勢は緊迫化してくる。ＷＣＳ事務所は大統領府がそう遠くないため、反政府軍による砲火の音がしばしば聞こえる。タンク砲だ。ひっきりなしに轟く。距離も近い。地響きに似た音だ。付近の住宅はもぬけのからで少し無気味な感じだ。明日一一時に停戦交渉が始まるという情報が入り、警察署長もわれわれの事務所に来て「ここは大丈夫だ」と言う。ぼくらはつかの間の安心感を得る。

しかしながら夜になると戦火は一層激しくなり、砲撃の炸裂音とともに、赤い閃光が窓越しに見えるようになった。部屋の中の移動もできるだけ腰を低くする。窓越しに流れ弾が当たるかもしれないからだ。落ち着けぬ夜、おちおち眠れる状況ではない。トイレに行くにも普通に立つことは回避する。夜中に爆弾が着弾して家が崩壊することに備えて、テーブルや板、イスなどを適当に組み合わせて、簡易バリケードを作る。その下にからだをすりこませて横になる。

## 首都脱出

朝一番に起きる。今日は仏軍機で脱出する日だ。パッキングをしてはやり直す。政府軍の迎えが来る前に時間があったので、パソコンの中身をすべてフロッピーに移し、パソコン本体は置いていく決意をする。これで一応最小限の資料は確保した。多くの荷物は持てないので、必要最小限の荷だけをデイパックに詰める。パソコンだけでなく分量の多い未整理のノートや調査資料も、鍵をかけたトランクの中に置いていくことにした。内戦はすぐ終わるというのが一般的な見方だったので、WCS事務所に物を置いていくことに不安はなかった。

午前一一時くらいにコンゴ兵が軍用車で迎えに来る。WCSスタッフのアメリカ人二人とぼくの合計三人が乗る。仏軍の臨時基地で名前を登録し空港へ向かう。空港へはフランス軍護衛の車に乗ったのだが、あちこちで銃撃戦が展開されていたので、直接狙われなくても流れ弾に当たる危険性は十分にあった。車の窓は防弾ガラスでできていない。窓際に座っていたぼくはできるだけ頭を車内に沈ませた。

空港は戦火の中心と聞いていたが、確かに反政府軍の赤い砲弾が飛び交っていた。威嚇のための炸裂弾。はじめは心臓が破裂するくらいの爆音におびえたが、しかし不思議なものでやがて慣れてくる。仏軍の兵は空港周囲の壁越しに砲撃し、反政府軍へ攻勢をかけるのが見える。その間、ポアント・ノアール（コンゴ第二の都市）行き、リーブルビル（隣国ガボンの首都）行き、キンシャサ行きなど救援機は何機も到着するが、われわれ三人の名前はなぜかすべて搭乗者リストから外されていた。

時刻は進み、辺りは暗くなる。砲弾の軌跡は流星か花火かのようにも見えた。夜の空港にライトなしで、その日の外国人救出用最終便が到着したと聞く。仏軍兵員輸送機だ。ようやくこの暗闇の中、脱出できる機会が来たのだ。空港の外からは反政府軍の銃撃がある。われわれは両サイドをフランス軍兵士に護衛されながら、匍匐前進の形で飛行機の場所へ向かう。全員の搭乗が終わるや否や、飛行機はまたもライトなしで急発進・離陸したのだ。一九時一六分、約七〇人の避難者を乗せて、軍用機は隣国ガボンの首都リーブルビルへ向かった。内戦が始まって四日目のことだった。

しかしこの時点でも、内戦がさらに拡大していくことは予想だにしていなかった。ボマサにすぐ戻ることだけを考えていた。ぼくのもとで研修を始めたコンゴ人若手研究者二人がヌアバレ・ンドキ国立公園内に取り残されていることが気がかりだったからである。

## コンゴ人若手研究者への思い

責任感の強い彼らは森に残り、調査を続けているにちがいない。特にジョマンボはすでに三年以上も研修を継続していたし、一九九六年にはイギリスでの国際会議に出席し、自己の研究内容を、しかも英語で口頭発表するほどに成長していた有望株であった。だが彼らもきっと森の中で

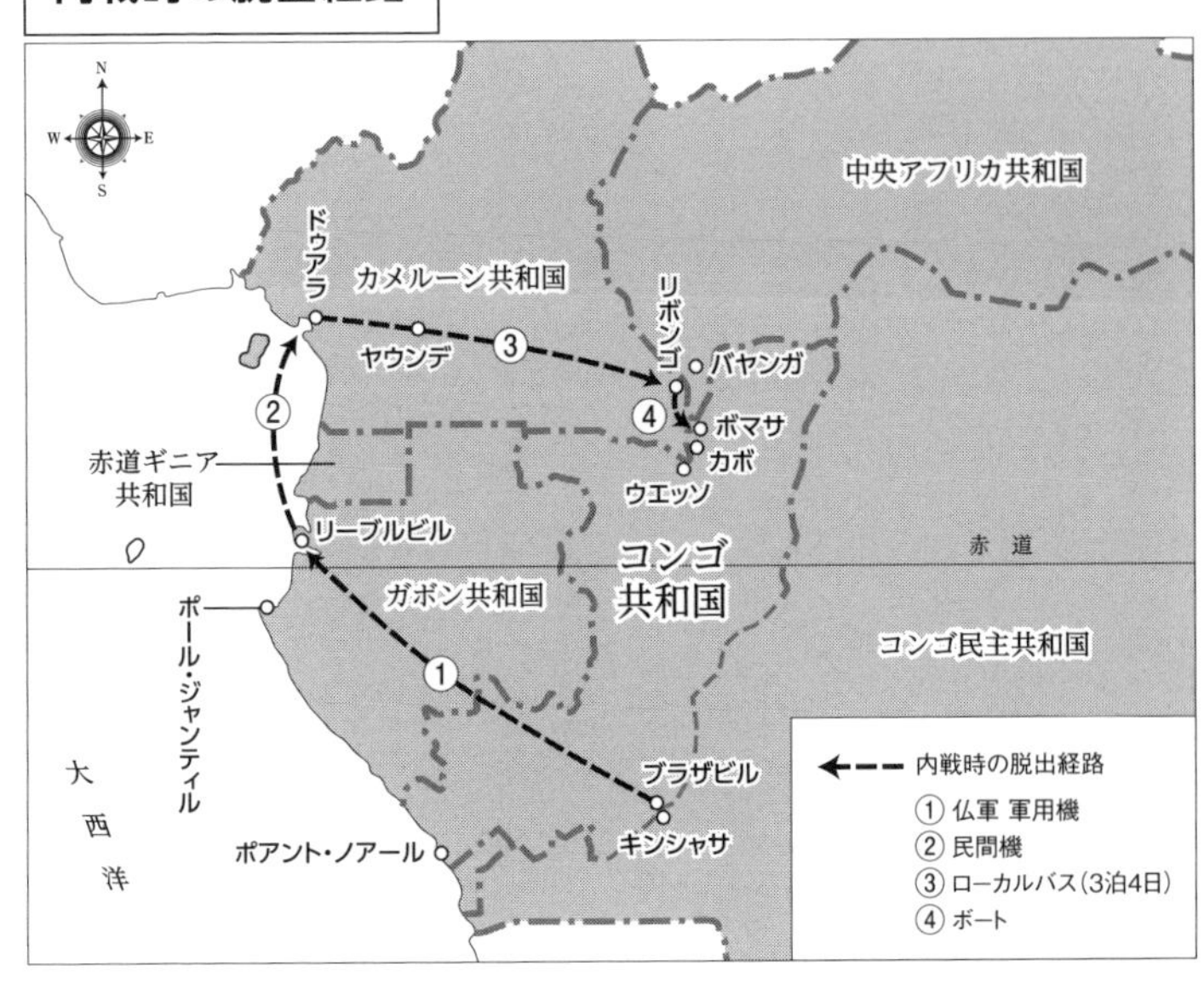


ラジオ等により内戦のことを知り、首都にいる家族の安否を気遣い、あるいは一刻も早く首都へ戻りたいと思っているだろう。直接、彼らと連絡をとる手段はない。ぼくの避難先であるガボン共和国の首都リーブルビルの無線機とコンゴ共和国ヌアバレ・ンドキ国立公園基地ボマサの無線機でメッセージを間接的にやりとりするしかできない。

内戦は深刻化し、「ブラザビルは廃墟の町。WCSプロジェクト閉鎖の可能性もあり」と聞く。しかし何としてもボマサへ戻らなくてはいけない。ぼくがそのために画策していたのは、民間機でリーブルビルから隣国カメルーンへ飛び、そこから伐採会社の小型機か陸路でカメルーン側のボマサに近いリボンゴという場所まで行くことであった。

ガボンに避難して以来、何かにつけぼくは日本大使館にお世話になった。大使館の人々は、ぼくのコンゴ共和国北東部に戻るという主張に対して口を揃えて「日本に帰国するべきだ」と言う。コンゴ人の若手研究者を放置するわけにはいかない、内戦で危険な地域を回避しながら、内戦の拡大していない安全な現地へ戻るのだと説明しても受けつけない。「そこまで言うのなら、自己責任で行くということにしてください」、つまり「勝手にしろ」というのが大使館の結論であった。邦人の保護のためには当然のことであろうが、ぼくの気持ちは不動であった。

民間機でカメルーンの商都ドゥアラに到着。内戦が始まってからすでに二〇日が経つ。陸路で公共バスを乗り継いでカメルーン東南部の伐採会社の基地リボンゴまで行くことになった。三〜四日の旅である。リボンゴにさえ着けばボマサは近い。その脇を流れるサンガ川を船外機付きボートで下れば数時間の距離だ。ただバスでの旅には不安があった。リンガラ語の通じない、フランス語のみの世界になるからだ。

当時はメールや携帯電話、衛星電話などなく、通信は容易でなかった。ほぼ唯一の通信手段である無線を駆使して、ボマサへ、二人のコンゴ人たちに関するメッセージを送る。そしてメッセンジャーをジョマンボなどのいる森に派遣するのである。「ぼくは後一週間以内にボマサに到着するだろう。ぼくをボマサで待っていてもよいし町へ出ても構わない。ボマサから出発するときはWCSからお金を各人借りるように」という内容だ。

初めての土地での一人旅が始まる。陸路による長距離移動。話には聞いていたがカメルーンの公共バスは故障が多い。そのたびに立ち往生。荷物と人を積めるだけ積み込む。大雨の中でさえ猛然とスピードを出して走る。事故が起こらないのが不思議なくらいである。また道路上にはいくつもの検問所があり、警察官などは外国人であるぼくには根拠のない言いがかりをつけてくる。そんな不安な道中、フランス語のあまりできぬぼくは多くの親切な人々に助けられた。そして三日かけ、ようやく目的地のリボンゴに到着したのだ。

## ボマサへの帰還

長い道のりのバスの旅の翌朝、からだはなおも疲れていた。そこへWCSボマサの船頭が現れた。やった！　ついに、ボマサに戻れるのだ。一六時四五分過ぎにボマサ着。本当に戻ってきた。内戦が始まってからほぼ一カ月の月日が経っていた。しかし現地のWCSスタッフの様子は皆一様に暗い。昨日今日と会合を行ったようだ。このまま内戦が続くようであれば、首都ブラザビル事務所を隣国カメルーンのヤウンデに移す、雇用人数を削減する、ジョニイ（コンゴ共和国森林省の職員で当時のヌアバレ・ンドキ国立公園長官）がボマサのプロジェクトを動かす、万が一の場合は脱出してボマサ基地を燃やす、などが決定されたようだ。

ぼくが首都で勃発した内戦に遭遇・脱出、そしてカメルーン経由でボマサに戻ってくるまで、ジョマンボらは森の中で調査を継続していたのだ。翌々日の朝、ぼくは五時三〇分に起きてボマサを出発、先住民ガイド一人と共に三〇キロ先のジョマンボらのいる森のキャンプ地へ急ぐ。荷物がたいしてないので楽に歩けるが、急ぎ足で歩いているため足には負担がかかる。ぼくらは通常二日かかる道のりを半日で歩き、一四時に国立公園内の調査地のキャンプに到着、ジョマンボらに再会、早速、翌日には彼らとボマサに出る準備をする。ジョマンボらを彼らの家族のいるブラザビルに送り戻すためだ。ついにぼく自身も使命を果たすことができたのだ。その数日後、ボマサを出たジョマンボたちは幸運なことにブラザビルへ向かう最終国内便に乗れたという。彼らの無事を祈るばかりであった。

## 戦火再び

ジョニイという男。屈強なコンゴ森林省職員。ヌアバレ・ンドキ国立公園の現地管理責任者を務める。曲がったことが嫌いで、責任感と任務遂行に献身的であり、かつ政治力、交渉力、話術に長けている。ぼくらと共にわれわれのボマサ基地に滞在している。しかしそのジョニイにさえ、内戦は苦しみをもたらすものであった。彼はボマサに単身赴任で、家族は内戦の激化している首都に残してきている。家族の心配、内戦による国立公園への危機の高まり、それは彼の涙へと変わる。

一方ぼくは、WCSコンゴ共和国の責任者であるマイク・フェイの命を受け、オザラ・コクア国立公園ムアジェ・バイのパトロール隊へ支払うべき給料を携えて、ボマサから一路ムアジェへ向かうことになった。本来ならオザラ・コクア国立公園はECOFAC(ヨーロッパ共同体の保全組織)の管轄だが、オザラの白人スタッフは内戦のためにすでに国外脱出、彼らパトロール隊にお金を渡す術がないのだ。ぼくはかつて三〇〇頭のゾウの密猟があった時に(一五四頁参照)一度ムアジェを訪れたことのある者として、その重要な任務を託されたのだ。内戦中だからこそ、腹を空かした兵士は動物の多い国立公園内に向かいかねない。したがってパトロール隊への給与支給は必要不可欠である。

ヌアバレ・ンドキ国立公園の基地があるボマサ村からウエッソという大きい町へボートで向かい、さらにウエッソで車をチャーター、悪路を半日かけて走り、ミエレクカという村に向かう。ここがムアジェ・バイへの入り口となる場所だ。そこから一泊二日の行程で、パトロール隊と共に他のメンバーのいるバイへ徒歩で向かった。

無事ムアジェ・バイでの任務を終えてミエレクカ村に戻り、村長の家に着くや否やウエッソの話が持ち上がる。ウエッソにコブラ(当時の反政府派の兵隊の総称)がやってきて戦火の渦だと。まったく何たること！　これではウエッソに戻れないではないか。たちまち気持ちが重たくなる。

運が悪いとしか言いようがない。内戦は首都に集中していたはずだ。ンドキやオザラのあるコンゴ共和国北部は平穏であった。しかしぼくがムアジェを訪れている間に戦火は全国土に広がり、北部サンガ州の州都ウエッソはコブラによって陥落したらしい。長距離歩行の後で汗だくであるにもかかわらず、水浴びもしないでボマサにいるジョニイと無線で話をする。

ウエッソは大丈夫だというジョニイからの無線情報を信じウエッソへ向かう決意をする。ウエッソがしばしでも平穏であることを祈る。そこへトラックの音。あれ、ぼくがチャーターしたトヨタの車ではないか。別の用件でミエレクカ村に来たがついでに乗っていくか、と運転手はぼくに尋ねる。約束をした明日に延ばしたところで、車が戻ってくるか確かではない。そこで一日早いが車に乗る決心をする。

ウエッソの市街地へ入るところで検問。すでに反政府派の手に落ちているので、検問は自動小銃を持った反政府派の兵士コブラによるものだ。なぜかすんなり車は検問所を通過する。運転手に聞くと「俺もコブラだ」と。ぼくはなんとコブラ兵士の運転する車に乗っていたのだ。もし別の運転手であったら検問所で何をされたかしれないと想像し、その運転手を雇った偶然性に思いをはせる。運転手が村々で獣肉を仕入れながらウエッソへ向かっていたのは、内戦でウエッソに集まってきたコブラの兵士の食糧用にするためなのだろう。

ウエッソで夜を迎える。ぐったり疲れている。ときどき聞こえる銃声。戦火は収まっていないのだ。眠れない夜を過ごす。明日、ウエッソの無線機のある場所まで行けるのか？　仮にそれでボマサと交信しても、ボマサはウエッソまでボートを送れるのか？　ウエッソで唯一使用可能な無線機は空港の管制塔事務局にある。そこで無線機を借りるしかない。ボマサにいるジョニイと交信するためだ。幸い翌日の日中は銃撃戦がなく、空港事務所まで徒歩で何とか辿り着く。ジョニイはボートを明日送ると確約してくれる。夜、また銃撃戦の音が闇の向こうに聞こえる。ジョニイの言葉を信じて明朝のボートを待つしかない。

## トモがいるから

翌日ぼくを迎えるボマサのボートが到着した。一時的にマイク・フェイがボマサ基地を離れている間、WCS責任者としてリチャード・ルジェーロが来ていたのだ。リチャードはンドキの国立公園立ち上げ時に、マイクの右腕として活躍したアメリカ人だ。ボートから降りてリチャードはボマサの状況を説明する。ボマサはまだ安全だという。しかし首都ブラザビルが内戦で完全に荒廃、WCSプロジェクトのお金を銀行から引き出す手段もない。財政難であり、ほとんどの白人スタッフは引き上げるということをマイクは決定したのだと。ぼくのムアジェ訪問の間に事態は急変していたのだ。

リチャードらとボマサに無事戻る。早速ジョニイが、マイクがぼくのことについて話した旨を聞かせてくれる。あるアメリカ人スタッフは内戦下でも是非ともプロジェクトに残りたいとマイクに陳情したが、マイクは「トモ（筆者のこと）がいるから」と、ぼくにボマサのWCS基地および国立公園を任せることを決定したらしく、そのアメリカ人の申し出を断ったという。

カボ（ウエッソからボマサに向かう途中にある伐採会社の基地で、われわれのボマサ基地から約三〇キロの地点）にまもなくコブラが来るらしい。カボに来ればボマサは近い。兵隊にとって、ボマサ基地は金、食料、物品などを略奪するにはもってこいの場所だ。しかしスタッフ全員が離脱すれば完全に基地はやられてしまう。ぼくはどうするか。マイクに信頼されているのなら、ボマサ基地死守という任務を果たすべきだと決意する。何もやらずに帰国する方が悔いを残すだろう。命を張ってもンドキを守る必要はある。個人的にも大学院時代の研究に始まり、長年お世話になってきた場所だからだ。何よりも、地球上でも類いまれな生物多様性の宝庫であるヌアバレ・ンドキ国立公園は誰かが守り抜かなくてはいけない。

いよいよ緊張感は増す。リチャードは隣国カメルーンのアメリカ大使へ電話、いざというときはその大使が合衆国首都ワシントンD・Cに通達し、キンシャサの米軍がボマサまで戦闘ヘリを飛ばすという。すごい、アメリカは！　それほどボマサ基地とンドキの国立公園を死守することは重大なのだ。日本は決してこんなことはしない。ぼくがガボンでの日本大使に言われたように、「早く退避しなさい」と言うだけだろう。

## コブラ来訪

コブラの来訪に備えてはいるが、緊張感は日ごと募ってくる。いつ略奪兵がこの基地を襲いに来るかわからない。基地のあるボマサまでの道路は完全に封鎖したので、来る可能性があるとしたらサンガ川を遡るボートだ。ボートのモーター音が聞こえたら用心だ。コブラを乗せたボートの可能性があるからだ。そのため、特に夜は基地の夜警の人数を通常の一人から四人へと増強した。

ついに来るべき日がやってきた。一九九七年九月三日である。一五時頃、水浴びを終えて服を着替えているときにモーターの音を聞く。コブラ、ボマサについに来たる！　カボの警察長、コブラの部隊長、ほか二兵士というメンバー。態度は慇懃で予期していた以上に紳士的であったが、要するに彼らはわれわれをコントロールする、内戦の余波から守るために来たというわけだ。

われわれは彼らにビールとタバコを振る舞った。振る舞った酒で酔った二兵士は双方が絡みだす。お互い自動小銃で撃ち合いを始めるのではないかと思えるくらいの喧嘩を始めた。ぼくらは万が一の流れ弾に備えて、腰をかがめ後方へ避難する。何とか部隊長がなだめすかしたのか、二人は落ち着き三〇分の滞在で彼らはボマサを去った。ウエッソには六〇〇人のコブラがいて、皆、腹を空かして金と酒とタバコに飢えているという。その証拠に、態度の悪かったこの二兵士は、喧嘩の後、基地の建物の中を物色し、ポケットカメラやウォークマンを盗んだ。最も重要な物品の一つである衛星電話。これは何かと尋ねられたときは機転を利かせて「計算器だ」と答え、兵士はその言葉を信用し、取り上げることはしなかった。

一度目のコブラ訪問は大事には至らなかった。しかし万が一に備えた準備も始める。あわただしい。ボマサから徒歩二キロに位置する国境に近い小さな村ボンクエに、緊急時の食糧などを詰めたザックを置いておく。そこから歩けばすぐに隣国中央アフリカ共和国なのだ。それをかついで森の中を走って逃げれば何日かは生き延びられる。同時にその村のすぐ横を流れる川の茂みにスピードボートを隠しておく。万が一の時、それに乗り川沿いの隣国（対岸のカメルーンあるいは陸続きの中央アフリカ共和国）へ脱出すればよいのだ。

ボマサ基地にあった食糧や飲み物の予備は森の中にあるンドキ・キャンプの倉庫へ隠蔽・格納

した。ンドキ・キャンプはボマサから車で一時間離れたところにある。トヨタの車も一台そのキャンプに置いてくる。その他重要な物資（パソコンやボートのモーター、発電機、その他部品など）は、すでに隣国中央アフリカ共和国のＷＷＦ基地に運び出し済みであった。いまや基地には不測の事態に備えて、必要最小限の物資しか残しておかなかったのである。

## いかに現金を隠すか

ぼくはボートにてサンガ川対岸のカメルーンの町まで行く。アメリカに戻るリチャードを見送るためとカメルーン側から届けられたわれわれＷＣＳプロジェクト用の現金を受け取るためだ。ぼくはその一〇キロにも及ぶ札束の入った封筒を抱えながら、船頭と共に一人ボートにてボマサへの帰途を急ぐ。内戦のためプロジェクトを最小限にする必要から、多くの人を一時的に解雇する。そのために必要なお金だ。なくすわけにはいかない。盗まれるわけにもいかない。もはや町の銀行は機能していない状況でこれに代わるお金を手に入れることは当面不可能なのだ。

ボートに乗っていると、ボマサにそう遠くない地点でボマサからやってきた別のボートに遭遇する。その船頭はボマサにいるジョニイからの伝言ということで、「今夜にもコブラがボマサに来るかもしれない。持っているお金を用心すべきだ」と言う。また、「カボの警察署長もコブラにひどい目にあわされた」と。ぼくは大金を抱えているだけに、「これはまずいことになったな」と憂慮する。

やがて辺りは暗闇に近付いていく。大雨も降ってきた。札束が濡れないように、雨合羽でからだと共に雨水をよける。すさまじい嵐だ。風と雨のしずくで息も詰まりそうな中、ボートは進む。そして川沿いの地元民の小さな釣り用キャンプでしばらく雨宿りをしていた頃、再度ボマサからボートが来る。「今夜はコブラはもう来ないだろう」と。また暗闇の中をボートでボマサ基地へ向かう。無事到着。ジョニイが待っていてくれた。コブラはボマサに来ていないことを確認する。

雨に濡れた冷たいからだもそのまま、早速お金を数え、必要な分を人事係に渡す。残りの大量の札束を基地の中の安全な場所へしまう。やっとシャワーを浴び、暖かい服を身に着け、夕飯にありつける。とりあえずこの日は何事もなかったが、まだ額の大きい残りのお金を持ったまま一晩過ごさねばならない。一度タッパーに入れて土の中に埋めるが、思い直してやめる。そのかわり明朝、森へ隠しに行こうと思いつく。

翌朝五時一五分起き。六時前、一人でボマサ基地から徒歩で三キロ離れた場所にある小さな湖状のバイに向かった。周りの人には湿地性草原で動物の様子を見に行くとだけ告げた。誰にも後をつけられていないことを確認しつつ、足早に森の中を歩く。ぼくは大量の現金をバックパックの中に持っていたからだ。そして目安にしていたバイのすぐ近くのシロアリ塚にできた二〇センチ四方の穴の中に、タッパーに入れたお金を隠す。これで一安心だ。

その日の夜にはコブラが再びボマサに来た。二回目のコブラ来訪だ。ボマサは国境の村でもあり要衝の地なので、反政府軍としてはここの安全を図りたい、またボマサのプロジェクトも守ると。われわれはほぼ強制的に、コブラを数人「警備隊」として雇うことになる。「安全のため」とはいえ、われわれのＷＣＳ基地は反政府ゲリラの監視下に置かれたということだ。常駐するコブラ兵士。威嚇目的か村で自動小銃を何度も空砲させる。夜警が寝ていたので目覚まし代わりに発砲したという。空砲とはいえ、聞いていてあまり心地よい音ではない。

## 不穏が続く中での将来の保全業への灯火

戦時中、マイクは通常ボマサに不在がちでガボンなどの隣国に滞在、そこの銀行からプロジェクト用のお金を下ろし、そのお金を携えて、ときおりセスナでボマサへやってきた。ある日マイクはぼくを正式にＷＣＳコンゴ共和国プロジェクトの一員として雇う計画があることをぼくに告げた。しかもプロジェクトの中心的存在・技術顧問主任というポストだ。実際にはジョニイの補佐として、国立公園運営・維持に関わる諸事のマネージャーとして仕事をすることになる。

思えば、ぼくはンドキのＷＣＳ基地の「内戦時留守役」の大役を任せられたが、当時、単にＷＣＳの「協力員」にしか過ぎなかった。実際ＷＣＳとの契約もないし、ＷＣＳからの給与はない。現地での食費と寝場所を賄ってもらっていただけだった。本来の「籍」は京都大学のポスドクの身分であった。ただ、その研修員の任期が切れるときが近付いてきていたのは確かであった。そうした折にマイクのこの仕事のオファー。研修員の後どこか大学の助手として日本に残るか、マイクの言葉をありがたく受け取ってＷＣＳに就職するか？　その岐路に立つことになったのである。

内戦は終わっていない。いつ次のコブラがボマサへ来るのか、落ち着かぬ日々は続く。そんな中またもやコブラが来た。三回目だ。表敬訪問と異邦人チェックのためだという。リーダー格の男はいかにも紳士的であった。二人の若い兵士とも、ぼくがリンガラ語を話してからすっかり和む。相手もいきなり歯をむき出しにしてくることはない。丁重にもてなして会話をすれば済む。ぼくのリンガラ語は武器となっていたようだ。「オッ、こいつ、リンガラ語を知ってるぜ」「どこで覚えたんだ？」「もうコンゴ人同然じゃないか」。ぼくの流暢なリンガラ語に、兵士も任務とは違う話を始める。一通り会話が終わった頃には、ピリピリとしていた緊張感はすっかり和んでいた。

## 内戦の終焉

当時の大統領リスーバは追放される形でコンゴ共和国を去り、旧大統領でコブラ兵士を率いていた反体制派のサスーが勝った。首都ブラザビルは略奪のほしいままらしいが、一応戦争は終結したのだ。約四カ月に及んだ内戦は終焉した。今日こそコブラが来るんじゃないかとボートの音に耳を澄ませながら過ごした時間は大きい。決して戻せない時間。しかし耐えしのいだ。一方、ぼくは日本の大学に残り安定した生活ではなく、不安定ではあろうがWCS職員としての仕事を始める決意もしなければならない。当面は、ぼくはジョニイと共にプロジェクトを、国立公園管理を正常通りに回復させていかなければならなかった。

ジョニイは通常業務に忙しい。地元の情報をもとに、マルミミゾウの密猟が起こったらしい地域にチームを送り込む。ジョニイはそうした行動に極めてテキパキと動く。頼りになる男である。しかしジョニイはやはりいつもの元気がない。終戦とともにジョニイの妻子の消息が入ってきた。ウエッソにいるという情報だ。無事であるらしいが彼らは見つからなかったという。

戦後処理が始まった。内戦後の大きな仕事である第一弾は、隣国・中央アフリカ共和国のWWF基地に内戦中保管していたWCSプロジェクトの物品を回収しに行くことであった。ンドキのWCS基地ボマサからボートで約六時間の場所にあるWWF基地にぼくは向かった。その倉庫では、無秩序な保管の仕方のため、探したい物品の見つからぬいらだたしさが募った。

## 内戦の傷痕～ゴリラの密猟と象牙隠し

ゴリラの腕の形をした燻製肉を村で見たという情報が入る。地道なアンケート調査を経て、ジョニイはついに真相を突き止めた。ある日、村の中心的存在である初老の男が村近くの森で食用としてダイカーなどの小動物をしとめに行くよう、ある先住民に命じる。ところがその先住民は森の中でゴリラに遭遇、突然威嚇されたため、持っていた銃でゴリラを射殺したのであった。事の発覚を恐れた初老の男は事件を隠したばかりでなく、ゴリラの肉を燻製にし、村の中で酒などと交換していたというのだ。

この初老の男は、WCSプロジェクトでも信頼のおける人として雇われてきた。ぼくも彼を信用していたため非常に残念であった。ただ、これも内戦の傷痕だといえないこともない。終戦になったとはいえプロジェクトのお金はスムーズに現地まで送られず、支払う給料も遅れがちであった。また内戦の影響で、物資の流通が減少し、村では食糧などが不足する傾向があった。ゴリラを撃ったのは事故ではあったが、それを隠蔽してまで肉の流通を図ったのは、そうした困窮状態にあった事情によるのであろう。

内戦終了後、パトロールに送ったチームが密猟者によると思われるゾウの死体を発見し、象牙はすでに抜かれていたと報告する。対密猟部隊を派遣する必要がある。カボにいたジョニイと無線機でこの旨を相談、彼は国立公園への密猟者侵入の可能性もありと判断し、パトロール隊再編成のため早速二丁の自動小銃と二人の兵隊をボマサに送り込む段取りを進めるという。ところが「ゾウは密猟で殺されたわけではない。ただ自然死していただけだ。死体から抜き取った象牙はチームのリーダーが村に持ち帰った。もう兵隊を呼ぶ必要はない」という情報が舞い込んできた。リーダーを除くチームメンバー四人を村から基地に呼んで事情聴取をし、チームリーダーである男に虚偽の密猟の報告をするよう言いくるめられていたことを確認した。続いて呼び出されたチームリーダーの男は、混乱と混沌の中、わめき叫ぶ。われわれに嘘をついたことは確かで、しかも象牙を隠していたのは事実であった。その男の家のベッドの下から一

コンゴ共和国北東部伐採区内のパトロール隊と密猟者から押収した象牙と銃。パトロール隊は迷彩服を着ている

対の象牙が発見されたのだ。

その後「奴（チームリーダーの男）が紐で何かやっている」と事務所にいるスタッフの一人がぼくに告げる。「どこにいるんだ、奴は?」と言いつつ、ぼくとそのスタッフが事務所の外のすぐ近くで彼を見つける。木の枝に紐をくくりつけて首吊りをしようとしていたのだ。そのスタッフは幸いにも体格が大きく渾身の力を込めて紐を外そうと試み、同時に男をつかむ。すぐにぼくは他のスタッフに山刀を持ってこさせる。紐を切るためだ。

事の真相が暴露され、チームリーダーの男は良心の呵責を感じたのか。自分のそうした嘘と象牙を隠し持っていたことで、まもなくボマサに到着する兵隊にひどい目にあわされるのではないかと恐れていたのか。それを瞬時に判断し、突発的に自殺を図ろうとしたのだ。しかしこうした事件が起きる背景も、ゴリラ肉の件と似通っている。このときの象牙は長さ五〇センチもない小さなもので、仮に売却してもたいした金額にならない。ただそこにあったのは、内戦の傷痕、一時的な困窮生活だった。少しでもお金がほしかったのだ。

## マイクのもとで保全の道へ

内戦後、首都のWCS事務所は完膚なきまでに略奪され、残していったぼくの荷物は跡形もないことが判明した。置いていった手書きのオリジナルデータ・シートも失ってしまったのだ。長年コツコツ集めてきた森の果実の生産量変化に関するデータが一部完全に消えてしまった痛手は大きかった。もちろん、そんな重要なものを戦時下の町に置いていったのは明らかにぼくのミスであったが、緊急脱出時にそれは持てなかったのだ。さらに内戦のあおりで、ぼくが教えていたコンゴ人学生の消息もわからなくなっていた。こうしたことが重なって、純粋に研究を続けていく意欲、学生たちの研修を継続していくパワーが一時萎えたのは事実だ。

一方、「保全」の上でぼくには取り組むべきことがあった。熱帯林という現場でのマルミミゾウの密猟の実態を目の当たりにしていくにつれ、ぼくの中には次第に「怒り」のようなものが湧き上がってきた。世界中のゾウの生息数をここ何十年の間に激減させてきたのは、象牙の需要が世界№1（一九九七年当時）の日本人だったという事実である。熱帯林に関わっている日本人として、それをこれまで知らなかったことが恥ずかしかった。同時に、同じ日本人としてこの日本人の行為に罪悪感のようなものを覚えた。だからこそ自分で何かしなければという気持ちが湧き上がる。実際にこれほど長期間アフリカ熱帯林に滞在して保全に携わっている日本人はぼくのほかにいないし、ぼくこそがマルミミゾウの現況を日本語で伝えられる唯一の存在であることも確かだった。

内戦中からの話の通り、マイクはぼくに約束を果たし、ＷＣＳプロジェクトに雇いあげてくれた。内戦中の基地マネージメントの仕事を評価してくれてのことか、ぼくはマイクにこのまま基地のマネージメントの仕事を続けてほしいと頼まれた。これで初めて正式に「保全」の仕事に就けるのだ。タイミングもよかった。まだ籍のあった大学で享受していた特別奨学金もそろそろ切れる頃だったのだ。

もちろん大学の教官からは大学に就職することを勧められていたし、実際いくつかの候補はあった。書類を出せば、まず通りそうなポストもあったようだ。でもぼくはいつも留保していた。大学や日本のアカデミック業界に数年前から失望していたのも事実だった。もし大学に就職すれば、講義や会議、膨大な雑用に振り回されてしまう。安定した給与のある生活は保障されるにしても、そんなことでたった一度の「生」を送ってよいものかどうか。それに長期でフィールドに戻るチャンスはほとんどなくなってしまう。事実上現場での「保全」に貢献できなくなることは明らかだった。


マイクがなぜぼくを内戦中の基地責任者に選んだかはいまでも本当の理由はわからない。それでも現地語が巧みで兵隊ともうまく交渉できるだろうという点は考慮されたのかもしれない。確かにぼくが現地語をすらすらしゃべると、まずはみんな何はともあれ驚き、どんな場面でも雰囲気が一気に和やかになることは経験的に知っている。言葉はときによって銃にも勝る武器かもしれない。

あるいは内戦前に偶然ンドキの森を撮影するため訪れた日本のテレビ隊をスムーズに現地コーディネートした力量を買われたのか。もう一点はもっと政治的な理由かもしれない。内戦中に優位に立っていたのは元共産主義勢力であった。このため兵隊たちもアメリカの組織となれば目くじらを立てかねない。そこでWCSスタッフの欧米人は出国させ、日本人であるぼくを残したとも考えられる。さらに内戦の背後には「資源の呪い」があった。旧宗主国であるフランスは、コンゴ共和国独立後もその特権を利用して、自然資源、特に石油の利権に奔走してきた。そこへ同じく石油を探すアメリカがやってくる。その対立は、内戦の原因となったコンゴ政府内の対立（民主派と元共産主義勢力の対立）と一致していたのだ。

こうした重大な転機を経て、ぼくは純粋な研究者から「保全」に携わる道へと一歩を踏み出すことになったのである。

## いやならやめてしまえ!

国際NGOに属して環境保全や野生生物の仕事「保全業」をしているというぼくを、うらやむような人がいる。特に若い人にとって憧れの職であるらしい。しかし、きっと多くの方は実際にどんな職業なのかを知らないであろう。ひょっとしたらすぐ身近に野生動物がいて、犬猫のようにかわいがって世話をしているといった光景を想像している人が意外に多いのではないだろうか。ところが現実は全く違う。

想像以上に健康的な生活ではあるが、日本のような便利のよい快適な生活ではない。森の中は沼地だらけで、歩けば靴はドロドロになる。湿気が多いため、洗濯物も濡れた靴も乾かないし、パソコンやカメラなどの機械類のメンテも大変だ。食糧補給も容易でない。食材も限られた種類のものしかない日々。ときには雷雨が激しく、雨具などがあってもずぶ濡れになる。虫の猛襲もすさまじい。種類によっては咬まれて即死してしまう毒蛇もいる。見通しの悪い森の中でマルミミゾウに出くわせば、驚いたゾウが突進してくる可能性もある。病気になれば近くに病院などない。通信手段も限られている。

ぼく自身はあるときから見方を変えたのが一つの契機だったのかもしれない。湿気や雨、食糧、虫や危険な動物について煩っているのは、その環境や生き物のせいではなく自分のせいなのだと思ったことである。われわれ自身は森への侵入者なのである。われわれが、研究や保護と称してわがもの顔に森の中に入るのは誤りで、あくまで「よそ者」として入らせていただくのだ。その代わり、そこで受ける不快さや危険はすべて「自己責任」だと。その「責任」を転嫁することはできないし「責任」を全うできないなら立ち去るしかない。

そうした中での「保全業」とは、おおまかにいえば、国立公園管理に必要な諸活動（研究、パトロール、教育普及、ツーリズム、地元住民や開発業との対話など）に必要なアレンジあるいはそのコーディネートだ。目的は国立公園を守り、そこに生息する野生生物をそのままの状態で保全することだ。だから野生動物が常に身近にいるという仕事ではない。むしろ相手は人間である。そしてNGOとして、国立公園管理に関する分野で当事国政府をサポートすることなのだ。交通手段は不便なので、移動だけで一日の三分の一が費やされるのはごく普通のことである。野生生物や密猟者には土日も休日もないので、こちらも休みはない。

「保全に関わりたいんですけど、どうしたらいいのですか?」と、ときどき若い人に聞かれる。残念ながら保全業として日本で食べていける口は極めて少ない。だからぼくの経緯を見ても、参考にならないかもしれない。ただ一つ言えることがある。出身校や肩書き、専門分野、経験など気にしない方がよいだろうということ。動物学を学んでいないから、理系出身でないから、と心配する必要はない。むしろ別の分野出身の方が保全の現場においては都合がいいこともある。

保全は純粋に野生生物の問題ではなく、実は人間の問題であるからだ。経済的な開発であろうが国際貢献であろうが、人間が自然や野生生物に過剰に働きかけ利用してきたから、現在のような野生生物の危機が生じてきた。天変地異による野生生物の絶滅や自然界の変貌とは問題が異なる。そもそも地域ごとによって事情は違う。そこには人が住み日常生活を送っている。彼らの理解や協調がなければ保全は成立しない。先住民の存在も無視できない。言うまでもなく、利用側と称するのも人間であり、保全を説くのも人間であることを忘れてはいけない。

ぼくはもともと特に動物好きでもなかった。いわゆるナチュラリストでもない。自然に関わってきたことといえば子どもの頃の昆虫採集くらいだ。ハイキングや登山にいそしんでいたわけでもない。小・中学校時代、比較的得意としていたのは数学(算数)・社会・英語。高校から、それに古文・漢文・音楽が加わる。高校のときの物理を除いて理科は徹底して嫌いだった。だからずっと理系・文系と区別する意識はなかった。

さらに重大な点は、われわれはNGOの立場で仕事をしているということである。助成金依存であるので、申請書、報告書、会計などの業務に追われる。英語や仏語である場合もある。その仕事をマスターできる能力がないと生きていけない。保全活動だけでなく自らの給料も助成金しだいだ。「本部が給料を確保してくれるんでしょ」という話も存在しない。しかも決められた期間で具体的な成果を出さなくてはいけない。今後のビジョンがクリアでないと困る。何となく業務をこなすといった甘さは通用しない。

そうした中で、「いやなら、やめてしまえ！」と、ぼくはこの業界に入って何度も自分に対してこう言い聞かせてきたのだ。

# 5　新たな旅立ち〜森から海へ

## ニック・ニコルズ

マイケル・ニコルズ（通称ニック）は、ナショナル・ジオグラフィック社の著名な野生動物写真家だ。ンドキの自然をナショジオ誌で広く大きく世界に紹介した第一人者である。彼がンドキを訪れた一九九八年のある日、朝六時にぼくはニックとボマサ周辺の森へゾウを探しに行った。付近の森を歩きながら、ゾウは沼地側にいるとぼくは確信した。少なくとも二頭はいるようである。これはきっとわれわれが立っている森の方に入るなと予測——。果たして一頭、二頭が正面にいきなり立ち向かってきた。ニックはひるまず、そこでカメラのシャッターを押す。

ゾウもカメラの方をじっと見ていたが、しばらくして目の前からおとなしく去っていった。われわれも彼らを追って森の中に入る。三頭目、四頭目、さらになんと五頭目、ゾウたちは、ポキポキ、バキバキと、ガタ（現地語による樹木種名）の枝を折って、実を食べている。すさまじく素晴らしい光景だ。ニックはカメラでゾウに食いつく。一頭のオスはわれわれの存在が気がかりなのか、落ち着かない様子だ。去るにも去らず、移動するにも移動せず。食べてはこちらから身を引き、また食べる。長い緊張の中でゾウとの対面は続く。

いきなり「ウォオォォ〜」と、そのゾウがわれわれの方へ向かって突進してきた。さっと右手に走り去るニック。はるか彼方へ行ったのか、ニックの姿はもう見えない。ぼくは後ずさる。もちろんわれわれには何事も起こらなかったが、ぼくらの逃げる様を思い出して笑いながら帰途についた。

## ニックによる仲介

不思議とニックとは気が合った。世の中に何でも素直に話せる相手は極めて少ないが、ニックはぼくにとってその稀な相手の一人になった。今回一緒に森を歩いて、ぼくの案内でゾウを見つけ、彼はいい写真を撮った。また身近なアリを見つけて、いかにそれらがおもしろい存在であるかもぼくは紹介した。ニックはまさに這いつくばってアリの撮影を行った。そうした付き合いの中で、ぼくは直感的にこの人となら一緒に仕事をできると思った。ニックもぼくに対して同じように確信したにちがいない。

この人物を中心としたナショナル・ジオグラフィック社こそが、一九九九年後半から始まる、マイク・フェイの次のプロジェクト〝メガトランゼクト〟を資金的に援助してくれることになっていたのだ。マイクがヌアバレ・ンドキを離れて、メガトランゼクトという名の新しいプロジェクトに着手することは以前から知っていた。一年以上かけてコンゴ共和国北東部の森から隣国ガボンの大西洋岸までアフリカ熱帯林の中を約三〇〇〇キロ横断歩行し、森林と野生生物、人間の諸活動に関する可能な限りの情報を収集する。いかにも魅力的であった。ぼくは彼についていきたいと思っていたし、ンドキ以外のいろいろな森を見たいと考えていた。しかしマイクから声がかかってこない限り「参加したい」とは言い出せなかった。当時のンドキでのWCSの仕事を供与してくれたのが、ほかならぬマイク自身であったからである。

ぼくはニックに素直に相談した。マイクの次のプロジェクトに参加したい、と。ニックは承知してくれ、マイクに打診してみる役目も引き受けてもらった。しばらく後にニックから聞いた話によると、もともとマイクはぼくをメガトランゼクトのマネージャーとして連れて行きたかったが、マイクが直接ぼくを引き抜いてしまえば、いまのンドキのプロジェクトのマネージャーがいなくなるため、WCS本部のニューヨークから何を言われるかわかったものではなかった。だから声をかけられなかったのだと。ぼくの給料やその他プロジェクトへの必需品購入を含めて、マイクとニック間でぼくのメガトランゼクトへの参加に関する交渉はすんなり成立したのだ。基本的にはンドキ以外を知らなかったぼくにとって、コンゴ共和国の別の地域や全く未知の隣国ガボンを訪れることができるのは、無類の喜びと期待に溢れることだったのである。

## メガトランゼクトへ旅立つ

アフリカの熱帯林にも人間による大規模な活動が進行している。伐採業や道路建設による熱帯林そのものの減少、それに伴う人々の集中と動物の生息域の減少。そして密猟と過剰な狩猟がもたらす野生動物の生息数の減少が起こっているのが現状だ。メガトランゼクトは、人の手の入っていない森が比較的多く残っているコンゴ共和国と、そこから地続きのガボンの熱帯林を大西洋岸まで約三〇〇〇キロ徒歩で横断し、マルミミゾウなど一〇種類以上の動物とその生息環境についてモニタリングを行い、生息数や生息環境への影響を周囲で起こっている人間活動と関連させて明らかにしようというものだ。

これは冒険ではなく、広い視野に立った自然保護を前提とした広域調査だ。さらにその有様を、ニックというカメラマンによる『ナショナル・ジオグラフィック』誌上での写真を通して、広く世界に知らせていくことだ。プロジェクトの中でのぼくの役割は、データを収集しながら森の中を移動するマイク・フェイへの物資補給係を務めること。常時連絡を取り合いながら数週間ごとに、ある地点までぼくが森の中を徒歩で、ときには川を丸木舟で、あるいは悪路をトラックで進み、マイクとそのチームに食料など必要補充物資を渡しに行く。

川を丸木舟で移動する様子

一九九九年九月、メガトランゼクトは始動した。マイクのチームは森へ向かってボマサ基地を出発、最初の一歩を踏み出した。ぼくは次のマイクへの物資補給場所であるマカオ基地へ向かうべく、ニックらと旅装を整える。マイクのチームが徒歩で向かう場所へ、補給食料や物資だけでなくキャンピング装備や撮影機器などを携えて、トラックやボートを数週間乗り継いで向かった。ぼくとニックは道中、先住狩猟採集民の村々を訪ね、ニックは彼らの暮らしをカメラに収める。われわれはマイクよりも少し前に、目的地マカオに到着する。待つ間もなくマイクのチームも到着し、無事、次の移動に必要な食料や物資を手渡すことに成功した。

## 空からの物資補給

メガトランゼクトのチームは、ヌアバレ・ンドキ国立公園を離れ、コンゴ共和国の北東部から北西部に向かって進行していった。一カ所、いかに陸路や河川を利用してもチームとの合流場所に容易に到達できない地点があった。その地点においてスムーズに食料・物資補給を励行するには、空路で投下するよりほかになかった。

WCS所有の小型機に十数個の大きな袋を積み込む。一つの袋は一五キロ前後。缶詰や干し魚、米、キャッサバの粉、その他文具や電池など、次の数週間に必要な食料・物資を詰め込んである。それぞれの袋を紐で縛る。セスナはパイロットとその助手席に座るぼくだけで離陸する。発進前にすでに助手席側のドアはとっぱらった。空中からぼくがそれぞれの袋を落としやすいようにするためだ。うっかりとベルトが外れようものなら、ぼく自身が空

物資補給に使用したものと同型のセスナ機

中に放り出されかねない。

マイクが衛星通信であらかじめ指示したGPS地点へ飛行機は向かう。森の中の川沿いにある少し広めの砂地にチームはいるという。そこは樹冠が開けているので、すぐにチームを発見しやすく物資の投下も楽だろうと予想された。パイロットとぼくはやがてその地点を見つける。下方にはこちらのセスナに手を振るマイクとそのチームの姿が見える。パイロットは機体を旋回させ、その地点へまっしぐらに向かった。高度は巨木のやや上で、地上から五〇メートルくらいの高さだろうか。

その地点に着く前に、ぼくは座席の後方にある袋を一つ取り出した。そして空中へ投げただけで、袋は放物線を描いて落ちた。ほぼ彼らのいる場所へ命中だ。機体はまた同じように旋回し、またその場所へ進む。そのたびにぼくは袋を一つ落とす。その繰り返しだった。すべての袋を地上に落とすまで、袋の数だけ同じ旋回を十数回繰り返したのだ。

それぞれの袋は多少散らばって地上に落ちたが、幸い彼らのいる場所から遠く離れることなく無事だった。後日談では、いくつかは樹木の枝にぶつかって落ち、袋の中の物品が散開したものもあったらしい。特に「フフ」と呼ばれるキャッサバの白い粉（五一頁参照）が、まるで噴煙を上げるようにして地上へ落下したという。また、五〇メートルの高さとはいえ重力による下降速度は速く、地上に着地した時のショックでいくつかの缶詰や電池がぺちゃんこに潰れたともいう。

空からの物資補給はこのように
森の中の小さな開けた場所で行われた

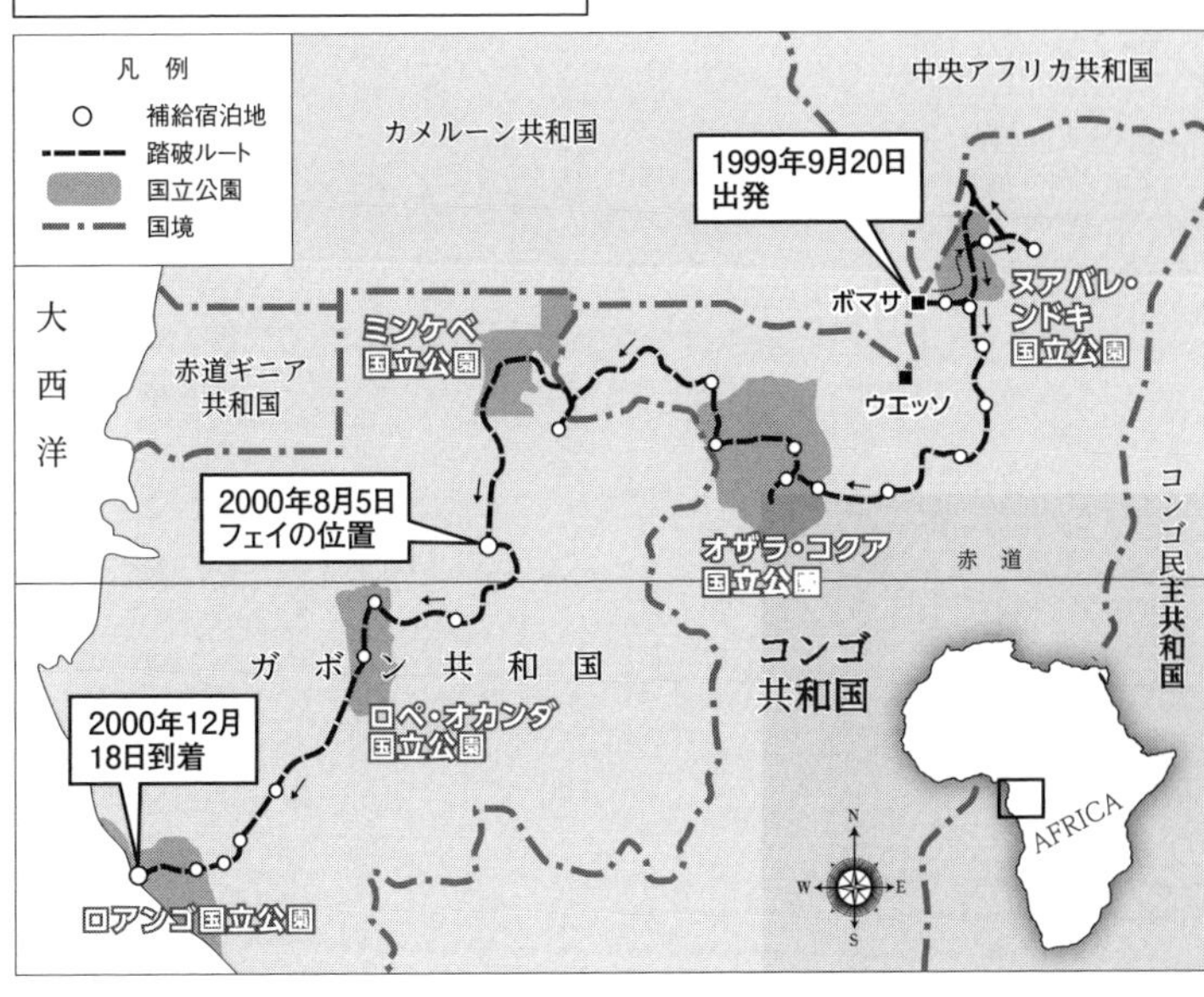


しかし大方の成功にほっとした。メガトランゼクトはさらに継続することが可能になったからだ。

## ロクエ・バイ

メガトランゼクトの前、マイクはコンゴ共和国北西部に位置するオザラ・コクア国立公園の中の小さなバイにはゴリラがたくさん出入りしていることを、セスナで空から何度か確認していた。是非メガトランゼクト中に、そのバイへ地上からアクセスし、ゴリラの存在を確かめてほしいとの依頼がぼくにあった。もし多数のゴリラの存在が確認できたら、ニックをそこへ案内し、その実状を写真に収めてほしいのだ。

メガトランゼクトの醍醐味は見知ら

ぬ土地に行けることだ。しかもそれをGPSと地元ガイドのもと、自分の足で行ける機会もあるということだ。その「ロクエ」と呼ばれるバイは、オザラ国立公園の基地ボモから船外機付き丸木舟である地点まで行き、その後ロクエ川という小さな川を切り開きつつ進んだところから徒歩でアクセスできるという情報を得た。倒木で行く先をふさがれたロクエ川の渡航は困難を極めた。そしてようやく陸地に上がり、藪の中を分け入ったりと紆余曲折しながらも、いくつかのゾウ道を辿りつつ、バイに到達することができた。またバイから二キロ以上離れたところに小さなベースキャンプを設営することにも成功。そこには小川もあり水の便もよく、日々のバイへのアクセスも容易だ。

バイでは肝心のゴリラも観察できた。まさにゴリラの宝庫である。風向きや観察しやすさの点から、ニックを招いたときに設営する観察台にふさわしい場所も選定した。中でもおもしろいゴリラの観察ができた。あるグループがロクエ・バイにやってきたとき、複数の個体がなぜか地面に口をつけ、何かをなめとっているような様子だった。しかも同時に同じ方向を向いて前かがみになっているのだ。まるで多くの個体が何かのお祈りでもしているかのような光景であった。不思議な風習を見ている感覚にとらわれた。

その数週間後、ぼくはニックをこの場所に招き、観察台もセッティングした。ニックはぼくの設営したベースキャンプに寝泊まりしつつ、ゴリラだけでなくボンゴを間近にカメラに捉えることに成功したのだった。これこそメガトランゼクト中におけるぼくのもう一つの役割――ニックのための「科学アドバイザー」としての仕事であった。

## 隣国ガボンへ

コンゴ共和国からガボンへの国境を渡る日が近付いてきた。マイク以外のコンゴ人チームメンバーは誰一人パスポートを持っていない。森のガイド兼ポーター役の先住民にあっては身分証明書すら持っていない。ただ、ガボン政府からのメガトランゼクト施行に関しての許可証はあったのだ。問題はいかにメンバーが合法的にガボン国内に入ることができるかであった。そのためにぼくはガボンの首都にある移民局へ何度も足を運んだ。移民局上層部の判断で何とか臨時許可証発行の手前まで行ったが、最後になって頓挫した。そのことをマイクに知らせるために、ぼくはコンゴ共和国最後の物資補給地点へ向かった。

補給地点でもあったガボンの国境に近いコンゴ共和国の最後の村で、コンゴ人スタッフを陸路・河川で元の村に送り届けることが決定する。ただ偶然その時、先住民の一人が病に倒れた。病人を遠く離れた彼の村まで送り返すことはよい案ではない。そこで彼とその兄、そして先住民のリーダー格の三人だけはマイクと共に国境を越え、「緊急事態」ということでガボンへの入国を許可してもらい、その上で近くの病院に連れて行くという算段にした。

こうしてメガトランゼクトは国境を越えた。国境なんて人為的なもの。森は国境を越えて繋がっている。ガボンに入った最初の村で、マイクはガボン人のメンバーを確定させた。多くの応募者の中から口頭質問などを通して選抜したのだ。

メガトランゼクトはガボン中央部にあるこの地域で最大のコングウ滝へ差し掛かった。その手前で物資補給が行われた。そこはいくつもの滝から成り立っているが、最大のものはおそらく一〇〇メートルくらいの高さからすさまじい勢いで水を落としている。マイクのチームは、次の地点を目指してこの滝の下流域を渡っていった。下流とはいえ滝の勢いで川の流れは速い。岩があり、そうやすやすとは渡れない。深いところもあれば岩で滑るところもある。

物資補給が完了した後、ぼくは一人で岩の上に座って、止まることのない滝の流れを飽きることなく眺めていた。決してそれは終わることがない。一秒たりとも休まない。自然が作り出し、それが自然に続くだけだ。ほぼ永遠に。水が涸(か)れない限り、地殻変動でも起こらぬ限り、地球が太陽にのみこまれない限り続くのだろう。人間の存在の有無とは全く無関係に継続する。これこそ自然の本質だ。われわれ人間にはたちうちできない。それを目の当たりにすることができた。そうした単純なことに今頃気付いたのだ。知らない場所で学ぶことは多い。

## 森林伐採業者との出会い

メガトランゼクト中、ぼくは一度だけマイクのチームと数週間、森を歩いた。ガボンの中央部の森だ。そのときわれわれは熱帯林伐採が進行中の森林区の中を歩いているのは明らかだった。常に聞こえてくるチェーンソーの音。トラックかブルドーザーかと思われるゴウゴウとした大きな機械音。埋木調査に使われているらしい、森の中に人工的に切り開かれたまっすぐな人道が左右前後に見られる。

果たしてわれわれは木材搬出路に出た。偶然、車が来る。白人が一人、車を止めて降りてくる。森の中を歩いてきたわれわれに驚いたのだろう。マイクはその白人に挨拶に向かう。白人はわれわれをねぎらい、マイクとぼくには今晩の宿と食事やワインまで提供すると言っていたが、マイクはにべもなく断る。メガトランゼクトの最中、森林伐採業者と酒など飲んでいる暇はないのだ。

ブレードの幅が四メートル近くあるブルドーザーは道路上になるはずの大木を次々と「根こそぎ」倒していく。まさに「次々と」である。切り出した樹木の搬出路としての道は造られていく。現場監督らしい三〇歳くらいのガボン人の男がとてもすがすがしい顔をしていた。夕日の中、汗と埃にまみれつつ懸命に働く姿とその生き生きとした顔が印象的だった。この男にもきっと妻子や家族があろう。彼にはほかに現金を得る手立てがない。白人のもと伐採業で懸命に働くだけだ。職種は関係あるまい。森を「搾取」しているのは彼のような現地の人ではない。熱帯材の需要の高い先進国の人々にほかならない。ガボンという国の利益やガボンに存在する豊かな熱帯林の保全は二の次なのである。

伐採区の中の古い道路も歩いた。伐採、騒音などの環境破壊で追われ、しかも労働者のための獣肉補給として狩猟の対象となった動物たちは森から消え、伐採によって樹木の消えた森は二次林の深い藪になる。動物が消えたため、その藪は開かれぬままであ

森の中に木材搬出路を造っている様子

自動小銃（AK-47）の銃弾。
コンゴ共和国北東部伐採区内のパトロール隊が
密猟者から押収したもの ©WCS Congo

る。なるほど藪の中は動物の痕跡も極めて少ない。動物もこんな二次林の棘の多いブッシュを歩きたくなかろう。

一方で、そういった古い道路上にはいくつもの動物の糞が見つかる。ブッシュの中よりも多少広い道路でのびのびとウンコをしたかったのだろうか。しかしそこはまさに動物にとって自殺に行くような場所だった。なぜならハンターが伐採活動後もそうした道路沿いにやってくるからだ。その証拠に、殻になった多数の銃弾が動物の糞と並んで地面に落ちていた。

そばにある別の旧木材搬出道路を歩き続ける。古い橋の下の川は流れていない。伐採会社が川の流れをせき止めるような形で橋を造ったからである。これも森林生態系の破壊の一つといえる。かすかに流れている水は冷たかったが、河川生態系は大きなダメージを受け、魚も壊死している。

遠くでマシーンの音。車かブルドーザーか、とにかく森林伐採活動の機械音だ。と同時に人の声のようなものが聞こえる。否、メンバーの一人はマンドリルだという。マイクもマンドリルを追うような形で森に入っていく。音がはっきりしてくる。そしてぼくは初めて野生のマンドリルを直接観察した。声がいい。いかにもジャングルという感じで森と調和している。低音と高音のハーモニー。森をこだまする。しかしマンドリルの棲むその森の崩壊も決して遠くないだろうと察する。

## 二回目の空からの物資補給の時が来た

二回目の空からの物資補給の時が来た。ガボン中央部の山岳地帯だ。フライト予定日の天候は怪しい。特に補給地点の山の方には雲が垂れ下がっている。前回と同じ要領で一二個のバッグを用意したが、しばらく空の様子を見るしかないとパイロットは言う。しかし多少の悪天候でも出発せざるを得なかった。森の中にいるマイクのチームには食料や物資が必要なのだ。

セスナのパイロットの腕を信用するしかない。雨であれば風を伴う。山岳地帯の中、視界も良好ではないかもしれない。パイロットは安全のため二回の飛行に分けようと提案。一回の飛行による重量を軽減するためだ。ただ、距離が遠いため、二回の飛行と荷物の数に応じた旋回の数に十分な燃料があるかどうかパイロットは多少危惧していた。しかし実行あるのみだった。

案の定、山岳地帯は雨模様だった。ぼくの座席の横のドアは物資投下を容易にするため取り外してあるので、雨は当然ぼくに吹きつけてきた。しかしセスナの中、どこにも逃げようがない。一度、バッグを機体の後方から座席の方へ引き寄せるとき、ぼくのシートベルトに触れてロックが外れたハプニングもあった。ぼくの右側にドアはない。直接吹きつけてくる風雨の中、地上に落下しないよう必死でシートベルトを締め直した。

一回目の飛行と六つのバッグの投下は無事完了した。また元の滑走路に戻り、残りのバッグを詰め二回目の飛行へ飛び立った。やるしかないのだ。山の中の一三人の命を繋ぎとめ、メガトランゼクトを継続させるためだ。そのための任務は重い。そして二回目の飛行も終え無事生還した。パイロットに感謝。後はチームが今日の一二個のバッグをすべて無事に回収できたことに安堵。というのも、投下地点は前回のときのように開けた場所ではなく、山地林の真ん中であったからだ。

今回は缶詰が潰れたりしないように工夫をした。特に前回の投下で電池が潰れたという失敗を繰り返してはいけない。入念な梱包、重量とバランスを考えたパッキング、紐とゴムによるパッキング。そして各バッグの外側にはパンを所狭しと詰め込んだのだ。パンは落下時のクッションになり彼らの食料にもなるからだ。このときの食料投下は、メガトランゼクト・プロジェクトのぼくの任務の中で〈メガ〉級の仕事だった。ほかのしんどかったこともまるで小さくみえる。ぼくには悪天候でも"GO"しかなかった。メガトランゼクトに「戻る」という言葉はない。

## メガトランゼクト、ついに完遂!

一九九九年九月にコンゴ共和国北東部を出発したマイクのメガトランゼクト・チームが、二〇〇〇年一二月に最終地点であるガボンの海岸地点に到着する日が来た。信じられないというか、あまりにもあっさりと予定通り、しかも一日早く実現したことに、ぴんとこなかった。一五カ月の日々がこれほど早く過ぎるものか。

もう物資補給で気をもむこともない。ボートで何日もかけて移動することもないし、悪路を車で移動することもない。二〇キロもの長距離を森の中、重い物資を担いで歩く必要もなければ、危険を承知で空からの物資補給をすることもない。ぼくもマイクも驚いたことだが、マイクのチームもぼくの物資補給のチームも、二〇カ所以上の補給地点でほんの三〇分か一時間の違いでお互い到着したという事実だった。奇跡としかいいようがない。これこそメガトランゼクトが予定通りスムーズに励行された理由の一つだ。

ぼくは最終到着地点に近い海岸のガケの上からひょっと顔を出した。すると人だ！　ポーターらしい。本当に彼らは到着したのだ。マイクも後方から続いてくる。ぼくは砂浜に急いだ。そしてマイクと握手。ついにチームは到着したのだ！　ついに終わったのだ。とうとうメガトランゼクトは完遂したのだ。

しかしドラマではない。"It took long time（終わるまでずいぶん長かったな）"とマイクはぼくにつぶやく。"You've done it（しかし最後までやったぜ）"とぼくは答える。その握手の瞬間をニックはカメラで捉える。ぼくはマイクと並んでしばらく海岸を歩いていった。メガトランゼクト無事終幕を迎え、ほっとするというより寂しいという気が起こる。この種の〈メガ〉級の仕事は人生で果たしてもう一度あるのだろうか？

## メガトランゼクトの後の〈画竜点睛〉

メガトランゼクトの後、ナショナル・ジオグラフィック社により撮影された写真や映像の公開のための準備が進みつつあった。マイクはそれらの資料を基にガボンの大統領に謁見する機会を得て、ガボン国の自然や野生生物の素晴らしさを説いた。大統領は自国にそれほど貴重なものがあることに驚愕し、二〇〇二年に国土の一一％にあたる土地を、新たな一三の国立公園に指定した。画期的な決断であった。メガトランゼクトの最大の貢献の一つである。

一方、ぼくはメガトランゼクト直後、すでに食料補給時のセスナの飛行で確認していたコンゴ共和国のゾウの密猟地帯へ地上から向かった。上空から白骨死体のゾウが確認されたいくつかのバイに行くためだ。小型丸木舟を降り、少しスワンプを歩いていくと、カメを見かける。陸ガメにしてはやや大きい。このときの「カメの味」をめぐっての会話でやっとガイド役の男と打ち解ける。挨拶すらしていなかったのが氷解する。彼はこの辺の森や土地を統括する主の息子で、ゾウの密猟の主役でもあった。そのためぼくを多少恐れていたのか、ぼくとは会話をしたくなかったと想像する。

雷は遠くで鳴っていたがやがて辺りはまっ暗になる。ぼくらはバイに向かう。途中、雨がどっと降り出してくる。ガイドはここがバイへの入口だ、ここで雨宿りしようと提案してきた。その場所は密猟者のキャンプ地でもあり、獣肉を干し肉にしたときに使ったらしい大きな乾燥台もあった。肉が焼けた後の匂いがする。きっとゾウはごく最近殺害され、その肉がこの乾燥台に載ったのだろう。

ガイド役の男たちとはよもやま話をして、彼らを刺激しないためにも極力ゾウの密猟の話題は避けた。彼らから一般的な動物の情報も得た。ぼくの方からもゾウとの遭遇事故の話をした。彼らと打ち解けた頃、一人がしゃべり出した。「オレのオヤジがここを発見したのだ。かつてオヤジは大密猟者だったのだ。その後、人々が勝手にここに入り込むようになった」と。ぼくのことを、この場所に入った初めての外国人だとも言う。

雨宿りの後バイへ向かった。腐った肉の匂いが辺りに漂う。バイの直前で、腐ったゾウの肉片、ゾウの骨、そしてゾウの頭骨を見つける。ウジが湧いている。スワンプの水の上をウジャウジャ動くウジ。白骨化しているのでだいぶ日は経っていると思ったが、ガイドは一週間も経っていないとすかさず言う。

マルミミゾウの密猟に関しては、現地のアフリカ人を単純に責めるわけにはいかない。もちろん国際法を楯にゾウ猟を禁止し、象牙・象肉交易をストップさせることは必要である。保護区を作る、交易を厳格にコントロールする、人々を教育するなど通常のプロセスは肝要だ。しかし彼らの動機は単純なのである。お金がほしい、日常生活に必要な現金が入り用なのである。それなくして、鍋や皿、石けん、塩、油、電池などの必需品をどうやって手に入れられようか。現金収入の手段である農産物、魚、獣肉、そして象牙もその一つなのである。特に象牙はいい値がつく。魅力的である。だからゾウを追い殺し、象牙を取って売る。実際、現場の密猟者やバイの発見者、保有者に出会っても、彼らに「悪気」はひとつも感じなかった。

とはいえ、ゾウそして熱帯林をこの状態で放っておくわけにはいかない。では、どうするか。日本人であるぼくは象牙を必要とするおおもとの日本人にこの現実を知らせなくてはいけない。繰り返し強烈に。こうしてメガトランゼクト後の〈画竜点睛〉としてのバイ訪問は終わった。

# 6　森の先住民の行く末

## ベケロの歌と彼の死

森の中の遠くから先住民の甲高い声が響き渡る。女性が遠く森の中で歌っているようだ。ジェンギという精霊の踊りのときの歌の練習でもしているのか。その透き通った声は森をこだまして、ぼくのいるベースキャンプの家の近くまで聞こえてくる。次いで子どもの声か、かわいらしい、しかしややつたない同じフレーズが続く。母親の真似をして練習でもしているにちがいあるまい。その音は無論マイクロフォンなど人工物を通したものではなく、自然界に溶け込むような、森という自然界と全く違和感を抱かせないものであった。静寂の熱帯林の中、たったひとりですべての神経を開いて森を「感じる」ときの心地よさと、彼ら先住民の伝統的な歌と踊りを聞いて「感じる」ときの心地よさが同じなのである。これは共に「熱帯林」という背景があるからだろうか。

そんな中、ベケロという森の先住民の一人が彼ら独自の楽しい歌を歌いだす。非常に短い。言葉はわからないがおもしろい。自然にまつわる歌だ。川で水浴びをするときの歌。森を歩いて迷った様子を、ムカデがくねくね森を歩くのにたとえた歌。サルが木々の間を跳ぶのを描写した歌。その節はなぜか心地よかった。とにかく心地よいのだ。

森の先住民は、従来は「ピグミー」といわれてきた人々である（昨今「ピグミー」は蔑称扱いされるが本書では便宜上彼らを「ピグミー」と称することがある）。かねてより熱帯林という自然界と森の産物に強く依存し生計を立ててきた狩猟採集民である。アフリカ中央部の熱帯林地域に存在している。いまでこそ彼らは基本的には村の定住生活でキャッサバなどの畑作物を主食としているが、ときには森へ行き、集中的に動物猟を行ったり、乾季には水量の少ない河川で掻い出しながら魚を捕る漁労、さらにハチミツ、果実やキノコ、食用昆虫などの採集を行う。

ピグミーは森をよく知っている。森林に棲む動物を追跡する能力に長け、森の植物の名前やその利用法を熟知している。薬用などの植物についての知識は、地球上の貴重な文化遺産といってもよい。また、どこのピグミーにも共通して見られるものに、独特の「歌」と「踊り」がある。

ジェンギとは森の精霊のようなもので月夜に村に現れ、先住民族たちの歌と太鼓に合わせて夜明けまで踊る。ジェンギはヤシの葉で全身を覆っていてその中は見えない。ある夜、小さい子どもたちが中心となって歌と踊りが始まった。ジェンギはまだ現れてこない。その歌声と、特に女の子たちの身に着けているヤシ製の腰蓑がからだの動きとともに揺れる様は、とてもかわいらしく見える。やがて年上の男女も歌と踊りに加わって、ジェンギもやってきた。ぼくのからだもつい太鼓のリズムと歌声に合わせて動いてしまうのを禁じ得ない。ジェンギの狂ったような踊りを見ていると、ますます激しくなる歌と踊りにつられて、こちらまである種の陶酔感に陥ってしまうのは、決してヤシ酒だけのせいではない。

ベケロの死を聞いたのはごく最近のことだ。その一週間前には、ぼくは森の中でごく普通に仕事をしているベケロとも会っていた。すでに初老の年齢に差し掛かってはいたが、森を歩く彼は健康そうに見えた。しかしその出会った日の数日後からからだの不調を訴え、ボマサ村に戻ったそうだ。そのときも周りからは病気のようには見えなかったという。村では普通に酒を飲み、たばこを吸っていたとのことだ。

そんな彼が急に逝ってしまった。肺を患っていたらしい。そのため医者（近代医療の医者）からは酒とたばこを禁じられていたらしい。しかしそんなアドバイスなど聞かなかったのはベケロらしい。彼らしく生きたかったのだろう。仮に死と隣り合わせであったにしても。

1989年当時、まだ森の中に住んでいた
先住民ベケロとその家族

ベケロはぼくが初めてンドキの森に入ったときのガイドの一人であった。彼は森のことに詳しく、森の中でぼくにいろいろなことを教えてくれた。植物の名前、昆虫の名前、サルの鳴き声の種による違い、動物の足跡、何もかもが初めてであったぼくには「森の先生」であった。

村に戻った時にはいつも彼が先導するような形で、彼ら先住民の歌や踊りをぼくに紹介してくれた。ちょっと酒好きで女好きの彼ではあったが、いつもウイットに富み、賢く、ぼくとは冗談も交わし合った仲であった。ある晩、村で一緒に月を見ながら、人間が月に行ったという話を聞いたことがあるとベケロがぼくに告げたことがある。人間はロケットという移動手段を開発し、いかに月に到着したかをぼくは説明した。日本には、かぐや姫の物語や月ではウサギが餅をついているという伝説があることも語り合った。その日々が懐かしい。

### 相棒ガスコ～死んでいくということ

ベケロだけではなかった。ぼくは後に「相棒」とも呼べるほどの先住民に出会った。名はガスコという（四二頁参照）。彼は長年にわたり、ぼくの森でのガイドを務めてくれた。何年も森を一緒に歩いたし、何日も同じキャンプで生活をした。基本的に無口なのも気に入っていた。何より強靱な体力の持ち主で、少々の強行軍でもへこたれなかった。度胸もある。植物名の知識についても多少難点はあったが、動物追跡は抜群のセンスを持っていて、森のどこへ出ても怖気づかず決して迷うことはない。

ある日、ガスコはぼくの仕事について尋ねてきたことがある。たわいもない先住民たちとの会話の中での一つである。「いつもトモ（筆者のこと）は一人で長期間森の中で仕事をしているけど、この後どうするのか？」とガスコに聞かれたことがある。「お前の人生の suka は何だ？」と言うのだ。“suka”というのは〝最終到達点〟というような意味のリンガラ語である。

ある日またジェンギがあった。死んだ先住民の弔いだ。人が死んで悲しんで、その悲しんだ人もやがて死んでいく。あるときは楽しいことがあり、うれしいことがある。しかし死がやってくる。きっと結局そのひとときひとときの積み重ねなのだ。死は重たい。だが先住民の人たちは死を悲しむと同時に、その人を弔う歌と踊りで楽しんでいるようにすら見える。それでいいのかもしれない。死んだ人はどうあがいても帰ってこない。あちらの世界で楽しく酒でも飲んでいてくれたらいいのかもしれない。だからこちら側でも楽しく歌を歌い踊るのだ。

ぼくの suka? まだ答えは出ていない。ただ、まだ成し遂げていないことはある。それは死んでしまう前に達成したい、達成していく努力を惜しまないようにしたいとは思う。不慮の事故や病気もあるかもしれない。最悪の場合はせめて骨のかけらだけでも日本へ送ってくれたらそれでいいと両親が話していたことを思い出す。ぼくもンドキの森に埋められるのなら本望だ。病ですでに鬼籍に入ってしまったガスコ、それでいいかい？　あちらの世界で、何も患うことなくへべれけになってぼくを待ってくれていたらいい。

## 米は土だ

森のキャンプ地で毎日全員がフフ（五一頁参照）ばかり食べたら、フフはあっという間に底を突いてしまうので、週に一～二回は米を炊く。多くの先住民は食べた経験があるのか、すぐになじんだのか、特に違和感もなかったようである。しかし中には「米は土みたいだ」と言う先住民がいた。彼にとっては受けつけられなかったのである。われわれ日本人には常食であっても、彼らにとって米は日常的に食べるものではない。われわれも毎日フフを食べれば飽き、やはり米を食いたくなる。それと同じだ。

ぼくは先住民にスパゲッティを強要した覚えはない。でもこれまでスパゲッティを食べたことのなかった多くの先住民に受け入れられた。意外であった。これはうまいうまいと感嘆したものさえいた。森への食糧運搬はほとんどが徒歩であり、人が担いでいかなければいけない。したがって重量の割には嵩(かさ)が少ないスパゲッティはあまり持ち込めないため、スパゲッティを出せる日は最大でも週に二回程度であった。先住民の中にはその「スパゲッティの日」を楽しみにする者もいた。

ある年長の先住民は、彼にとっては奇妙な形をしたスパゲッティを素直に受けつけなかった。「へビのようだ」と言う。すでにおいしさを知っている他の先住民が説明してもだめだった。とにかくわけがわからないからとりあえずピリピリ（唐辛子）をかけよう、とその老人はスパゲッティに大量のピリピリをかける。そこで思い切ってスパゲッティなるものを試食しようとするや、それがとても食べられぬ代物だと気付く。しかしそれは「へビのような」食べ物だからではなく、どうやらピリピリをかけすぎ辛くて食えないのだ。皆で大笑いした。老人も「じゃ、また後で食べる」と苦笑い。後で食べるにしてもピリピリの辛さは変わることはあるまい。そんな逸話のある老人もすでにこの世にいない。

## 類人猿はわれわれと同じだ

われわれの存在で先住民の日常的な価値観が一つ変わったことがある。従来から先住民にとってはゴリラやチンパンジーは食の対象であった。森の中で会えば何とか捕らえようとする。相手が追いかけてくれば逃げる。そうした関係であった。仮にそれら類人猿の狩猟が違法であることは知っていても関係なかった。あくまで自分らの食用としての「肉」を提供する動物だったのだ。

しかし彼らはある時期を境に類人猿を食べなくなった。特に教育をしたわけでもない。法による取り締まりが強化されたためでもない。彼らはわれわれと毎日森を歩く。類人猿を発見すれば、われわれは立ち止まり観察をする。このとき、われわれの森のガイドである先住民もすることがないので一緒に観察する。そうした観察の繰り返しが、彼らの類人猿に対する見方を変えたのだ。「なんだ、奴ら、本当に人間そっくりではないか」「あんな連中をもう食べる気にとてもなれない」、そう彼らは口々に言うようになったのであった。

## 過信すれば森の中で迷う

富士山の裾野にある「樹海の森」ではないが、コンゴ盆地の熱帯林も、知らなければ簡単に迷うところであろう。通常はマルミミゾウが何世代もかけて作ったゾウのけもの道「ゾウ道」(四〇頁参照)に沿って歩く。けっこう歩きやすく、「なんだ、ジャングルなのに意外に簡単に歩けるではないか」と感じる人は少なくない。ところがゾウ道は一見まっすぐ通っているかのように見えるが、必ずしもそうでなかったりする。「ゾウ道の分かれ道」も前方にいくらでも待ち受けている。たとえコンパスとGPS、地図を持っていても、かなり注意深く行動していないと、本来行くべきではないゾウ道に入ってしまうことは多々ある。

ぼくの周りでも、何度か森の中で迷った例を見てきた。原因は「過信」だ。ある白人は、わかりやすいゾウ道だと確信してずんずん森の奥まで歩いてしまい、途中のゾウ道の分かれ道で、本来行くべきではない方角へ行ってしまったのだ。「ゾウ道だから安心だ」という油断が原因である。彼はもちろん、水・食料・火種なしで森の中で一晩過ごしたのである。ただ幸いだったのは、翌朝には落ち着いて自分の時計がコンパス機能を持っていたのを思い出して、「この方角に行けば本来のゾウ道に出るはずだ」と歩きだしたことだ。その結果、その通り元の道に戻れて無事キャンプ地に帰り着き、何とか事なきを得た。

事前に地図で入念に調べGPSとコンパスに熟練していれば、理論的には迷わない。さらに森を歩きながら適所にテープなどでマーキングをしておけばさらに安心である。特にゾウ道の分かれ道ではそれが肝要である。しかし最大の安全策は、森をよく知る先住民と共に歩くことである。過信して一人で歩いてはいけない。これは単に森の中で迷う危険性をなくすだけでなく、もし森の中でマルミミゾウやヘビに出くわしたときの対処にも重要なことである。

彼らは決して迷わない。彼らの知る森の中であれば、それが数キロ続くゾウ道であっても、それぞれのゾウ道がどこに繋がっているか、訳もなく知っている。仮に彼らにとってなじみのない森であっても、キャンプを出発して森を散々に歩いた後であっても、夕方には同じキャンプに無事戻る。もちろん彼らは地図を持たないし、地図を読む教育も受けていない。コンパスやGPSなど理解していない。

ぼくは長年彼らと森での生活を共にしてきたが、この能力が不思議で仕方がなかった。何年かけて修行しようと思っても、ぼくらには到底追いつくことのできない素晴らしい能力である。「なぜ、迷わずに森を歩けるのか！」と。一緒に仕事をした先住民の何人かに同じような質問を何度もした。何かぼくでもわかりそうな手法があるのか？　たとえば太陽の方角とか風向きとか……。しかし彼らは曇りの日でも雨の日でも迷わない。「森の中の道」と「いま自分がいる場所」を確実に知っている。

優れた全体イメージの把握力とその記憶力、それがどうも秘訣のようだ。多くの先住民は、歩いているときに前方の木の感じや枝の張り方など複合の「全体イメージ」を頭の中に入れておくのだという。その光景は仮に歩いている方向が逆向きであっても思い出せるように、イメージをつかんでおくというのだ。ぼくらからすれば似たような光景の広がる熱帯林の中でありながら、彼らは注意深く細かい情報をセットとして瞬時に脳裏に焼き付けて、しかもその記憶を何年も保持できているということらしい。

森の歩き方だけではない。当然、長年にわたって先住民と森の中で暮らしていれば、火の起こし方や焚き火に適した薪の選別の仕方、森の産物の料理の仕方も自然に教わることになった。たとえば彼らが日常生活でよく食べる干し魚の料理法。特定の植物の葉を取ってきて包み代わりに使うこと、その同じ葉は家の屋根代わりにして雨をしのぐこともできること、トイレットペーパーなどない場所で大便をした後にどの葉っぱがお尻拭きに適しているかなどといった切実な知識、大きな果実の種子が乾いた後、中をくりぬけば立派なコップ代わりになること、熱い鍋を火の場所から離すときの鍋の持ち方などなど、あげたらきりがない。

当たり前である。彼らには基本的にわれわれが持っているような物資や道具には縁がない。ずっと森の中で生活していたわけだから、その熱帯林という自然環境の中で使える素材を知恵と共に使ってきたのである。それまで物資が豊富で便利で快適な生活を送ってきたぼくには新鮮でもあった一方、いかに何もない場所でぼく自身が何もできないかという無力さを痛感した。

## 森の先住民の定住化と貨幣経済の浸透

ぼく自身が一九八九年に初めてボマサ村に到着したときも、先住民である彼らは森の中に住んでいた。多少の衣服はすでにまとっていたが、まだ彼ら独自の伝統的な狩猟・採集生活を続けていたのだ。衣服がないときはからだの一部を特定の葉で覆っていたに過ぎない。当時はまだ貨幣経済すら、彼らの間には浸透していなかった。研究調査隊としてボマサ村入りしたぼくらは、森を知る先住民の助力が必要であった。彼らは快く応じてくれたが、「報酬」は当初は現金でなく彼らの好きな「たばこ」であった。

現金を伴う貨幣経済は、時を同じくして浸透し始めた。彼ら先住民が「現金」とその価値を知る日は遠くなかった。当時のわれわれ調査隊も、森のガイドとして協力してくれた先住民に現金で報酬を供与することになったのだ。また同じ時期に、コンゴ共和国政府の方針で、森の民も近隣の村に定住生活するよう通達された。それまでの森の中での移動生活は中止を余儀なくされる事態となり、ボマサ村近郊の森にいた先住民は皆ボマサ村に定住するようになったのだ。

しかし当時、すでに村にもラジカセが入り込んでいた。村住まいの先住民たちは町の音楽に合わせて踊るようになる。いつしかこうしているうちに、先住民独自の歌と踊りは消えていく運命にあるのだろうか。それを助長しているのは、われわれではないのか。われわれが雇用するという形で、すでに貨幣経済に巻き込まれている先住民へと現金を落としていく。その現金の使い方は彼らしだいだ。ラジカセも買える。町のリンガラ音楽のカセットテープも手に入る。われわれが研究・保護活動という名目で、先住民の人たちに支払う給料が、先住民の変貌やこうした伝統文化・知識の喪失にいっそう拍車をかけているのも残念ながら否めない。そのことをわれわれは反省し再認識する必要がある。

定住化と貨幣経済の浸透の中で、ぼくがコンゴ共和国に来て二五年以上経たいま、森の先住民は当時以上の辛苦をなめている。生きていくには現金が必要なのだ。かつてのように森の中で狩猟採集し、その産物で自給自足するという時代ではない。あるいはその産物を農耕民のバンツーと物々交換していればいいという時代も終わった。多くの先住民は日々暮らしていくために、その日に必要な金銭を稼ぐしかない。

森の中に縦横無尽に開かれた木材搬出路の長い道のりを炎天下のなか歩き、辛うじて残っている村近郊の森に入り、売ることのできる植物やキノコなどを採集する。日によっては往復の距離は三〇キロにも及ぶ。伐採会社の基地がそれまで原生林であった森の中にできると、ときには何十キロと歩き、先住民が基地を取り囲むように移住してくる。伐採会社のスタッフである農耕民バンツーから依頼されるブッシュミート目的の狩猟に携わり、狩猟してきた獣肉と交換で現金を得る。いまではそうした狩猟でさえ、村や伐採基地から往復で三〇キロ歩かないと捕れない場合が多い。場合によってはゾウやゴリラなどといった保護種を目的とした違法狩猟にも関わらざるを得ない。

定期的収入を得られるような先住民はごくわずかしかいない。伐採会社や国立公園のスタッフとして何とか就職できた給与所得者が一人でも先住民コミュニティーの中にいれば、彼らの社会の平等原理に従い、その給与という現金はそれを持たざる者との間で共有される。多くの場合、現金は酒に消費される。それが高じて先住民同士での暴力沙汰が絶えない。貨幣経済は、

伐採会社の基地

先住民の間で社会問題や精神の荒廃をもたらし始めている。

それだけではない。元来、先住民が依拠してきたところの熱帯林の多くが喪失した。熱帯材を目的とした熱帯林伐採業のためである。これまでの様々な伐採会社が試みてきた熱帯林での植林はほぼ不可能なため、原生の森を切り崩していくしかない。それに伴い原生林に生息していた野生動物の数も大幅に減少している。「俺たちの森がなくなっている」「もう動物もいない」と先住民はつぶやき嘆く。

## 憂慮する次の世代〜近代教育と宗教

「全国民が教育を受けるべきだ」「識字率を上げるべきだ」との主張のもと、またODAやNGOによる人道支援の名のもと、国際的な近代教育の流れの中で、コンゴ共和国のどの奥地においても「学校での教育」が始まった。それは先住民にも及んでいる。森の先住民の多くは当時、文字の読み書きができなかったからだ。

森での技能や知識は教科書で教わるものではない。年長者あるいは親から学ぶ場は教室の中ではなく森だ。しかし近代学校教育の普及に伴い、先住民の子どもはかつてのように森に長く滞在する機会が少なくなった。結果は明瞭である。森の伝統的知識や技能が若い世代に伝承されない事態が続出しているのである。文字の読み書きができ、学校での成績はよくても、森の植物の名前は知らない。動物も追いかけることができない。森を平然と歩くこともできない。

現時点での中年世代の先住民は、辛うじて親から森のことを学んだ世代である。貨幣経済や町の文化のあおりを受け、生活形態も変わってきてはいるが、森での伝統的技能や知識を維持しつつ、町で手に職を得ている先住民も出てきている。それもいまや彼ら先住民の「新しい生き方」の一つであろう。先住民の子どもの中には学校は嫌いだが森に行くことは大好きな子もいる。学校のプレッシャーから解放されて、こうした子どもがのびのびと暮らせる時代は来ないのであろうか。

中年世代のアンボロという先住民の男とキリスト教について話す機会があった。外来宗教も近代教育と似た現象で、先進国主導でアフリカの奥地まで浸透している。コンゴ共和国ヌアバレ・ンドキ国立公園の周辺の村にも教会は存在し、日曜日には先住民も含め多くの信者が教会へ向かう。

「いったい彼らは教会で何を学んでいるのだろうか」とアンボロは言う。もし聖書に基づいた説教であるのなら、姦淫や窃盗、暴力に関する戒めは当然学ぶはずであろう。しかし現実では、村や町でそうした出来事が日常茶飯事に起こっている。さらに彼が納得しないのは「お布施」と称して教会側が現金をしきりに請求する点であった。彼にとってはもともと教会や神とは縁がなく、お金を施しても何の利益にもならないし、自らの生活環境の状況が変わるわけでもないという現実を見てきた

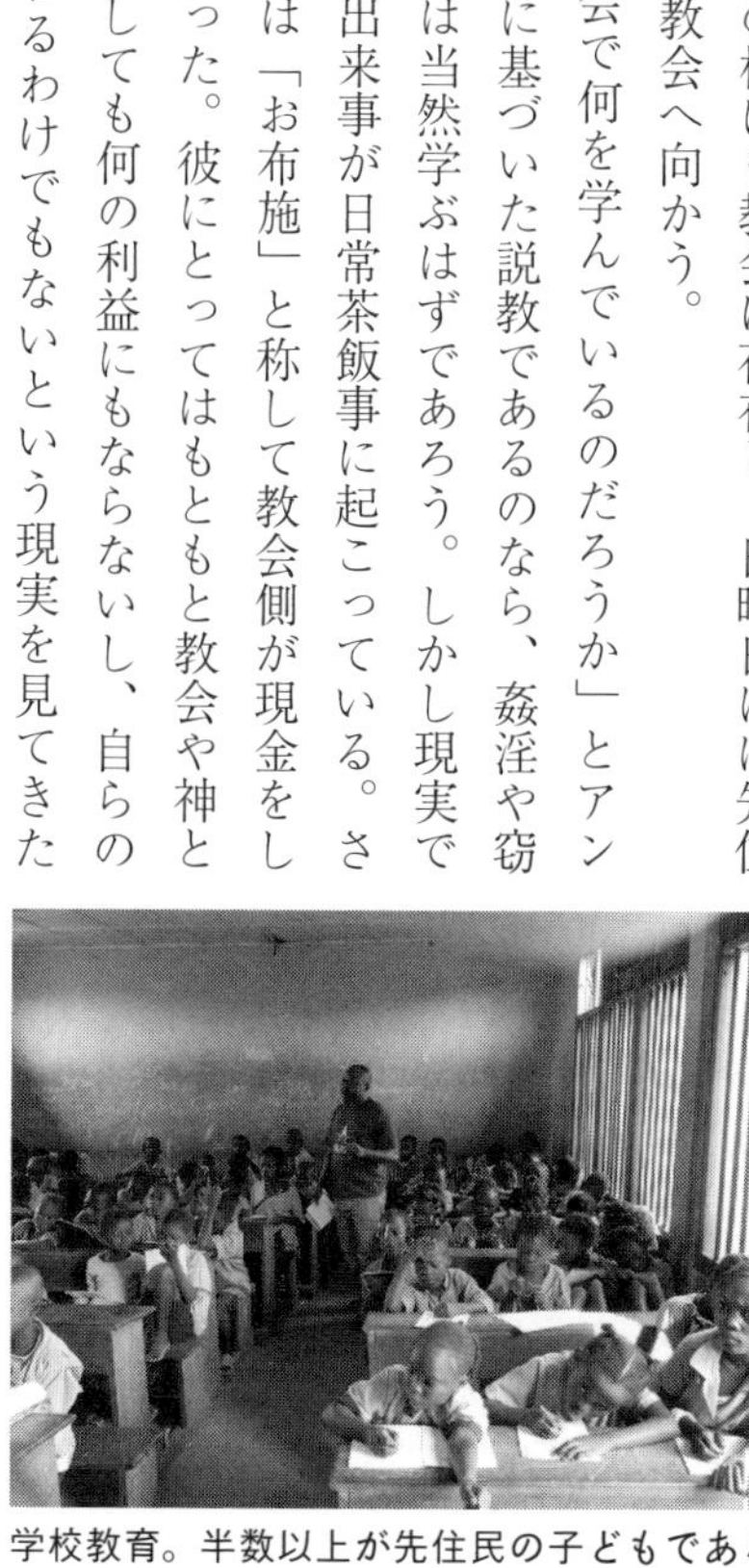

学校教育。半数以上が先住民の子どもである
©WCS Congo

からだ。「もし祈るのであれば、聖書をじっくりひとりで読んで心の中で神に祈ればよいではないか。教会に行く理由がどこにあるのか。教会に現金を渡すいわれはない」と彼の宗教・教会批判は続く。

「祈りは心の中のもの」、素晴らしい言葉だと思う。彼ら先住民には口承で伝わってきた先祖代々の先住民なりの掟や慣習があり、それはキリスト教で説かれる戒律に決して劣るものではない伝統的基盤の上に成立している知恵である。「それさえ遵守すれば何も日常生活に不足はない。そうしてぼくらの先祖やぼくらは平穏に暮らしてきた。いまもぼくは子どもたちにそのことを日々教えているんだ。キリスト教や教会は必要ない」と言う。現代文明の荒波の中でこうした考えを持つ先住民がまだいると知ると、先住民の未来への憂いも多少和らぎ、勇気づけられ、そしてどこかに彼らの行く末に希望が垣間見えてくるような気もする。

## アイヌへの関心

数年前、かねてから個人的に関心のあったアイヌのことをもう少し知りたいと思い、北海道のアイヌに関する博物館を訪ね、アイヌの伝統衣装を着けた若い男性の語りや女性陣による伝統的な歌や舞を見る機会があった。羽ばたきを母鳥から教わる様子を表現した子鶴の舞や、伝統楽器による森や小川など自然界の音に似せた音楽、子守唄、「クマ送り*」時の歌と舞など、自然界と繋がりつつ、いかにも素朴で、とても心に染み入るものであった。このままもっと続いてほしいと願ってしまうような心情になった。それはぼくがアフリカの地で頻繁に接してきた森の先住民の「歌と踊り」を間近にしたときの一種の陶酔感と類似していたのである。

アイヌ博物館の催しや展示物を見ながら、アイヌのことをどこかで調べた記憶があるなあと思い出していた。ぼくはアフリカに行く前、京都大学理学部の人類学研究室にいたときに、ある教官の勧めでまずは人骨の研究を始めたのだった。与えられたテーマは、人類学研究室の地下倉庫に保管されていたアイヌの人骨と医学部所蔵の現代人の人骨とを対象に、頭骨の「側頭線」の大きさや突起の具合を計測・比較研究してほしいというものであった。側頭線というのは、咀嚼のときに必要な頭部側面にある側頭筋と呼ばれる大きな筋肉を支える頭骨上の線状突起であり、それが太くあるいは長ければ長いほど咀嚼筋が太く大きく、咀嚼する力も強かったであろうと予測されるのである。そのときに、アイヌ人の文化や生活習慣についての文献研究も並行していたのだった。

自分がいままさにアフリカの地で直接身近に関わっている森の先住民とアイヌとを思い比べ始めたのも、決して不思議ではなかった。異なる大陸に住む、そして全く異なる歴史的背景や自然環境を持つ、アイヌとピグミー。しかしそこには多くの類似点がある。

両者が森という自然界に強く依存しながら狩猟採集を生業としていたこと。原則的に、狩猟・漁労は主に男性の仕事、採集や裁縫など家屋の中での作業は女性の仕事といった男女分業体制。アイヌの場合は日本本土の和人から、森の先住民の場合はバンツーという農耕民から、物々交換などによる経済交流だけでなく差別・迫害・搾取や労働の強制があったこと。そして、ぼくに同じような印象をもたらした「歌と踊り」。

決定的な違いもある。アイヌの場合は伝統的な生活をそのまま営むことが不可能になったいま、アイデンティティは継承しつつ「かつて存在した」伝統や文化を「残していく」という作業をしていること。それとは異なりアフリカの森の先住民の場合は、昔ながらの生活形態や社会・文化をいまだ日常生活の中に多少残しながら、一方で貨幣経済や近代教育などの現代化の波にもまれている「現在進行中」の状況下にあり、いまその伝統は「喪失していく」方向にある。

ピグミーの中にも、自らのアイデンティティ、そして依拠すべき熱帯林や野生動物の存在の喪失に何とか抗しようとする動きがないわけではない。しかしそのほとんどすべてが個人的な「つぶやき」にとどまり、先住民全体としてのボイスになっていないのが現状である。これは平等主義という彼ら社会の特質ゆえに、彼らを先導するリーダーの存在が生まれにくい土壌によるのかもしれない。そのため彼らの日常生活全体は、定住生活と貨幣経済の波に流されるままに流されているのが現状である。

先住民は自然界に依存しその脅威に立ち向かいながら、同時に自分らの生活の依拠である自然を尊重する。その過程で、自然を大幅に開発・利用することなく「自然に」自然との共存を可能にして生きながらえてきた。「利用優先」の考えで自然界のバランスを顧みず、自然界のものを過剰に搾取しているいまのわれわれとは大違いである。われわれ現代文明人はこうしたことを先住民から多く学ばなければいけないはずである。

雪が降り積もり北風が吹けば身も凍るような天候の中、アイヌの博物館には驚くくらい多くの来館者がいた。外国人の団体もいた。きっと日本を訪問するツアーの中にこの博物館を訪れる旅程もパッケージに入っているのだろう。中には極東の地に住む先住民の文化や伝統を学びたいという真摯な方もいるだろうが、珍しい民族の「ショー」を見たいという単なる好奇心で訪問した者もいたにちがいない。見方を変えれば、伝統文化を「ショー」というビジネスとして来館者向けに興行しているに過ぎないではないかと評する人もいるかもしれない。

アフリカの熱帯林地域でも、ピグミーの伝統的狩猟と踊りを見せましょうというキャッチフレーズが存在する。ツーリストにも「森の先住民を見たい」という好奇心が旺盛だったりする。ところがそうした文化ツーリズムは自然体での先住民の活動ではなく、ツアー客のために仕組まれた「ショー」にしか過ぎない。こうしたツーリズムなどによって現地に還元された貨幣がその後どのように社会配分されるかを子細に追ったツアー会社もツアー客もまずいないであろう。残念ながら多くのケースでは、村長などごく一握りの地域住民に富が集中してしまうのが常である。確かにその収益の一部は先住民にも落ちるであろうが、それは一層彼らの精神的荒廃を助長しかねない。森の先住民がツーリズムの「道具」と化してしまう日も遠くないのかもしれない。それは「先住民の文化の継承」とは全く無縁なものである。

ピグミーに関しては、文化継承に向けた強い声は彼ら自身の中からいまのところ出ていない。このままでは現代化の大きなうねりの中で、彼らの伝統文化や知識が失われるのは時間の問題であろう。

実際、森のことを熟知し、次の世代に知識や知恵を継承し得るいまの中高年以降の世代が亡くなるのは、向こう五〜一〇年であるのは確かである。

現在、ヌアバレ・ンドキ国立公園にあるキャンプ地では、常に一〇人くらいの先住民が研究とツーリズムのガイドとして雇われている。彼らは一カ月ごとの交替制であり、場合によっては若い世代の先住民が送り込まれてくることもある。その森の現場では、中年世代以降の先住民に同行した若者は年長者から森について学ぶことができるのである。プロジェクトの仕事場とはいえ、伝承の場が確立されている。もちろんその若者らは学校には行かない。

亡くなったベケロは、若い世代に伝統的知識や技能を伝えていくには、このような「森での教育の場」があるべきだとぼくに繰り返し強調してきた。もしそうした機会があれば、彼らの文化は継承されていくであろう。しかしベケロがいなくなったいま、そうした強いイニシアティブを持った先住民が見当たらない。いまの中年代以降の先住民が生存している間に、何か行動を起こさなければならない。

これは彼らの伝統文化の話にとどまらない。われわれの現在の「野生生物保全」に関わる活動、つまり「パトロール」や「研究調査」、さらには「ツーリズム」にも計り知れないマイナスの影響が出てくる。先住民の森での適切なガイドなしでは、こうした活動は効率よく十全に実施できない。保全どころではないのである。地球上のかけがえのない生物多様性、豊かな熱帯林の保全が不可能になるだろうことを憂慮しているのである。

## 七五郎沢のキツネ

七五郎沢の森に生きてきたキツネ。先祖代々受け継がれてきたまま、森の恵みや川の産物を食べて生きてきた。子を産んだキツネはある日、乳をあげても泣き止まぬ子に気付く。乳が出ていなかったのだ。食べ物に困窮していたからだ。キツネは食べ物を探しに、子を置いて巣から沢へ森へと出る。しかし辺りは従来森になかった人工物だらけで獲物となる動物もいない。川は汚染され魚はもはやいない。空にはカラスが舞い、恐れをなしたリスなど他の野生動物や鳥は逃げていく。

食べ物に困ったキツネはいつしか森を抜け人間の住処（すみか）に入る。そこで偶然、ゴミ山にたかるネズミを発見、それを捕らえるチャンスに恵まれる。キツネは捕らえたネズミをくわえて七五郎沢に戻る。しかしそこはもはや昔ながらの森は残っておらず、重機が森を駆逐していた。獲物のネズミを地中に隠そうと土を掘ると、そこには人間が捨てた医療具やゴミが見つかる。失望したキツネは生まれ育った森を去る。子を捨てて…。

この悲しい物語は、結城幸司氏（原作・版画）、すぎはらちゅん氏（監督・脚本・アニメーション）によって製作された『七五郎沢の狐』（2014© tane project）と題する一四分ほどのアニメ映画だ。北海道・函館近くの従来の自然林が近代化で崩され医療具など人工物のゴミで溢れる。そこに依拠してきた野生動物がもはや生きられない様を物語っている。それは、和人により翻弄され従来の森林を失ってきた先住民アイヌ民族の悲しい歴史をも二重写しにしているのだ。

いま現在のアイヌの人々が置かれている状況を知りたい。同じ森林に依拠してきた先住民ピグミーの今後の行方を考えていくのに、何かヒントになるものを得られるかもしれない、また日本ではほとんど知られていないピグミーのことをもっと多くの人に知ってもらうには、同じ先住民族のアイヌの事例をあげれば日本人により理解がしやすくなるのではないかとも思っていた。そうしたいきさつの中、『七五郎沢の狐』を見て、また製作者に出会う機会に恵まれた。この映像に見られるような状況は、アフリカ熱帯林やそこに棲む野生生物、そしてそこに依拠してきたピグミーに共通する点が多くある。「是非、ピグミーにも鑑賞してもらい感想を聞いてみたい」と製作者に申し出たら、快く映像のコピーを頂けた。「是非、彼らの感想を聞かせてください」という願いも託されたのである。

ピグミーの前で上映会が催された『七五郎沢の狐』

ンドキの森に近いコンゴ共和国北部のある村で、ピグミーの男たちを前にこの映像を見てもらう機会をつくった。何も説明せずに鑑賞してもらった後、まず「どんな内容の映像だった？」と聞くと、驚くほど正確に映像の内容を理解していた。彼らの優れた感性であれば、言葉などわからなくてもきっと内容を把握できるだろうと期待はしていたが、それは如実に示された。優れた映像だからこそ、先住民に共通する問題とそれに対する強い意識が的確な理解を喚起できたのだろう。

映画を見終わった後に出た最初の感想は、「もう森が元の状態じゃないから、主人公の動物（キツネのこと。もちろんピグミーはキツネを知らないのでこう呼んだ）はただネズミを追いかけるだけ。もう森には他の動物はいないということだ」というものであった。「森はもはや開発された後で、ゴミで汚れていたし、川の水も汚い色になっていた。ここと全く同じ状況だ」と彼らは口々に感想を述べる。「ぼくらの森でも、ブルーダイカー（小型レイヨウ類、ピグミーの主要な獣肉となる動物）を捕るにはずっと遠くに行かないと捕れないから、この映像の森の様子と似たような状況だ」と彼らは映像の内容を説明していく。映像に出てきたカラスのことを問うと、「そうそう、あのカラスたち。以前はいなかった。奴らは人間の捨てたゴミとかに集まってくる」と、ここでも七五郎沢の森とピグミーの森が同様の状況であることを彼らは強調した。

こうした討論の後、何人かから「ぼくらで何か意見や主張を決定していかないといけない」と積極的な発言が出た。従来ピグミーはシャイなところがあり、集団として何か明確な主張をしていくといった傾向が強くない。これは彼らが昔から備えていた平等主義という社会メカニズムによるのかもしれない。集団の「代表者」のような立場の人間はいるが、決して強い権力を持っているわけではない。長年の経験と知識を生かして何か問題への解決策を示唆する「長老」もいるが、彼らも権力者ではない。

「いまこそ伐採会社と話をしてみないと。ぼくらの森を切るのは彼らなんだから。彼らが造った道路は密猟者にも容易なアクセスを与えてしまった」とピグミーが次々と話をしていく。「この伐採会社はFSC認証（一四九頁参照）を持っているから、先住民への何らかの配慮は義務なんだ」とぼくはさらに彼らを励ますが、彼らの不満は続く。「認証を持っているのに何もしてないぜ」と。FSC認証を持つ数少ないコンゴ共和国の二つの伐採会社は彼らの知識や技能・文化の伝承への配慮は、認証の条件の一つでもあるにもかかわらず意外となされていなかった。また、先住民が従来の森で行っていた狩猟採集などができるような森を供与することもできないでいる。これは、伐採区が国有地で伐採会社の思う通りにはできないという障壁があるからだ。経済振興と生物多様性の保全、先住民配慮のバランスを問う中で、FSC認証制度は一縷（いちる）の希望ではあるが、まだ課題は多い。

## 従来ありえなかった窃盗

昨年のクリスマスが近付いてきた頃のことだ。アフリカでも多くの人がクリスマスを楽しみたいと思っている。否、クリスマスとは何かが理解されていなくても、一二月二四日には子どもに何か買ってあげて、飲んで楽しむという風習を知っている。貨幣経済からもはや抜ける余地のない先住民も、そうした日にはできればお金を余分に持って、子どもへのプレゼントの買い物をしたいと考える。お酒に関しては、貨幣がなければ、森の中で自生のヤシの木から発酵した樹液を採取し「ヤシ酒」として飲んでいればよかった。しかしいまやお金でもっと強いお酒を手に入れたいと欲が募る。

先住民の社会では、住民同士の間での小さな盗みがなかったわけではない。しかし盗みを働いて、さらにその盗品を金銭に換えるようなことはまずなかった。二〇年以上われわれのプロジェクトでコック補佐として常勤していた、ぼくもよく知る先住民の男がいる。それなりの収入もある。子沢山にも恵まれた。この彼がプロジェクトの台所から冷凍チキンをいくつか盗んだのだ。クリスマスの直前、お酒ほしさに現金がほしかったのである。冷凍チキンを村で売って稼ぎにしたかったのだ。彼が村でそれを売りさばこうとしている時、事が発覚した。村では誰も冷凍チキンを持っていないし、それを売る商店もないからだ。その男の窃盗罪は立証された。コンゴ共和国の労働法に基づいた内規に従い、彼は二〇年来継続してきた職を失った。これから貨幣経済のもと、彼は多くの子どもをどうやって養っていくのであろうかと気がかりではある。

本来ならばありえなかったような金銭目的の物資の盗み。しかしこの背景には、われわれ先進諸国民が本来の目的とその理解もなしにクリスマスと称して、毎年クリスマス商戦のなかケーキやクリスマス・プレゼントを買い、イルミネーションを楽しみ、そして飲み会やパーティーを行っていることにある。それが遠い森の先住民をも刺激しているのだ。

## 親が子を殺す

「親が子を殺す」とか「子が親を殺す」といった事件が日本では起こっているのだと、ぼくは先住民に説明することがある。しかし彼らは信じなかった。「日本って、高度経済成長して、物資の豊かな国、教育も優れ、素晴らしい国に素晴らしい人間が住んでいるはずなのに」と彼らは行ったことも見たこともない日本を想像し、そんな親子の間の殺人などがそうした国に起こるわけはないと信じて疑わない。

ひるがえって、彼らの社会でそうしたことは起きてこなかった。コミュニティーの中で何か問題が生じれば、経験豊かな長老などが解決へ向けた指南を示す。日常生活でも先祖代々伝承されてきた不文律の決まりに従って、もめごとを解決してきた。小さなコミュニティーの中で共に暮らしていくための知恵を長い年月の中で培ってきたのだ。そこには殺人などが起こる余地はなかった。

ところが、つい最近、先住民のある親子の間で殺人が起きた。中年を過ぎた父親が、息子を山刀でメッタ斬りにして、しかも腹を切り裂き内臓をえぐり出し、死体を道路上に遺棄したのである。その男はぼくが森の中で仕事を始めた初期の頃にガイドとして活躍してくれた人物の一人であった。当時は彼も若かったが、屈強であるばかりでなく手先も器用で頼りになる男の一人であった。

その男がこうした事件を起こしたとは、にわかに信じがたいことであったが、それはぼくだけではなく周囲の先住民も同じであった。息子との間で何かいさかいがあったことは皆知っていた。しかしそれが高じて、殺人に至るとは誰も思わなかったのである。しかも殺し方が残忍すぎる。

この事件を、彼個人の問題であったと片付けることは簡単であろう。しかしこれまでの長い歴史の中で、心が日常的に蝕まれている先進国の人々に比べ、はるかに健全な心を持っていたはずの森の先住民に、こうした事件が起こることは深刻な問題だと捉えなければいけない。文明社会の金銭や物資、考え方、風習、行動様式、ライフスタイルなどがどんどん先住民社会に入ってくる。それは彼らの中にこれまでになかった欲望を刺激し、互いの軋轢を生み出してきたことは確かだ。そしてその影響が高じて、健全な心を持つ先住民の中にも、先進諸国民と似たような心の病を患う人間が出てきたとも考えられる。

## 逆恨みによる殺傷行為

二〇一六年、われわれが一九九三年から継続してきた森の中の研究キャンプ地近くで、女性研究者が亡くなった。森からキャンプ地への帰途、マルミミゾウに不意に襲われたからだ。荒々しいオスゾウがここ数年そのキャンプ地周辺に現れ、キャンプの建物や物品を荒らした事件は相次いでいた。象牙目的のマルミミゾウの密猟頻度が高くなったため、より安全な国立公園の中にゾウが集まり、ゾウ同士の間でこれまでにはなかった過剰な社会的ストレスが生じていた。中にはそのために精神的な病を負ってしまった鼻息の荒い個体が出てきたという情報もあった。

ある日、プロジェクトのメンバーの一人がぼくに訴えかけてきた。「あのゾウには悪霊が憑いていて、容易なことではあの周辺からは去らないであろう」と。彼は、その悪霊を司っている先住民の男の名前もあげた。その根本にある問題の解決が必要だと説く。

この先住民はいま老年代に入っている。いまでは森に行くことは稀であるが、彼もぼくの初期の研究者時代にお世話になった先住民の一人だし、国立公園設立プロジェクトに貢献した男の一人である。ただ、もう老齢で森に行く仕事もないので収入源がない。彼も貨幣経済の中で窮地に陥っている存在であった。彼のようなプロジェクト初期に貢献した老年世代に、WCSから毎月「特別手当」を支給してきた。それは現金であったこともあるし、食料など物資であることもあった。全面的なバックアップにはならないにしても、「気持ち」としての御礼を兼ねてである。

ところが最近こうした老年世代への支給が滞りがちになっていると聞く。そこで彼は、いまでもプロジェクトで仕事をして給料をもらっている同僚の先住民に逆恨みし、ゾウに託した悪霊で呪い殺そうと企んでいたらしい。運悪く亡くなったのは女性研究者であったが、彼のもともとのターゲットはその研究者をガイドしていた熟練先住民であった。それがタイミングのずれで悪霊憑きのゾウの矛先が研究者に向かってしまったという。

その男の意図は、悪霊をゾウに託すことで給料をもらっている同僚を排除すること、キャンプ地がゾウによって被害を受けることで、それによりプロジェクトに被害を及ぼすことを望んでいたらしい。貨幣経済の中の苦しみに対する一種の逆恨みのような反撃ということだ。農耕民が「悪霊」にまつわる事件を起こしてきたのは、これまで何度か聞いてきた。しかし先住民にも似たようなことがあるとは聞いたことがなかった。先進国が持ち込んだ貨幣経済の中で現金収入がないために苦しむ先住民が、それまでになかった逆恨みという感情を強く抱く事態になり、容赦なくそれを持ち込んだ社会がまたもや先住民の精神荒廃を招いているのかと考え込んでしまう。生きていく術を失っていく先住民は、いったいこれからどうなっていくのであろうか。

## いったい誰が「健全な心」の持ち主なのか

ピグミーの暮らしはまだ「貧しい」といった印象を受ける。現金で物を買い、町の影響を受け、教育も受けるようにはなっても、われわれの基準からみれば物質的にも恵まれていない。快適で便利な生活を送っているとは思えない。給料を定期的にもらう先住民がいるとはいえ、貯金はない。生活の衛生状況もよいとは言い難い。

しかし彼らははるかに「健全な心」を持っていると思う。彼らはこれまで伝統的に「平等主義」を貫いてきた。彼らの間では社会的な差異もなく偉ぶる人もいない。それはいまでも生きている。いまでこそ給料を定期的にもらう先住民とそうでない者といったように、先住民の中でも経済的な格差が生じてきているが、給料日ともなれば、「持てる」者は「持たざる」者に分かつのだ。給料のお金で酒を買い、彼らの社会の中で平等に振る舞う。

驚愕すべきことは、先住民には自殺がないことである。ぼくはこれまで二五年以上にわたり、アフリカ中央部熱帯林の様々な場所で先住民と一緒に過ごしてきた。しかし、いまだ自殺の例を聞いたことがない。彼らも自殺のことは知っている。日本人が世界一自殺の多い国だと彼らに説明すると、とても信じがたいといった様子だ。豊かな国・日本でそうしたことが起きている理由が理解できないのである。

先住民は、今日の人生を生きている。精一杯に。明日の人生を思い煩わない。貯蓄や物資のストックなどがなくてもいちいち心配しない。持ち物にこだわらない。「なんだ、先住民は刹那主義じゃないか」と言うかもしれない。しかし先住民の社会では通り魔殺人はないし、親が子を、子が親を殺すこともない。どちらが「健全な心」で日常を送っているか、われわれ文明人は自問自答しなければいけないはずである。

*クマ送り　熊送り（熊祭り）というのは、「アイヌモシリ」（人の世界）に熊（特にヒグマ）の姿で遊びに来たカムイ（神）の魂（霊）を、天上の「カムイモシリ」（神々の世界）に送り返す祭式儀礼のこと。北海道アイヌに見られる熊送りは、飼育した後に絞め殺して祭る「飼い熊型熊送り」（飼熊送り）儀礼である。

## 7　ブッシュミート、森林伐採、そして象牙問題へ

### ブッシュミートへの偏狭な視点

アフリカ熱帯林地域で従来から取りざたされていた問題は「ブッシュミート」である。アフリカ人が野生動物を殺してその獣肉を食べることが問題視されてきた。ブッシュミートの対象となるのは、主にレイヨウ類（ダイカー）、カワイノシシ、昼光性のサルなどの小型・中型動物が対象である。

多くの人が血だらけの野生動物の死体を見て、アフリカ人はなんて残酷で野蛮だ、動物はかわいそうだ、といった類の言動を何年も投げかけてきた。アフリカ人の日常の生活やその伝統食を無視する形でだ。現地の人は長い歴史の中で、野生動物が主要なタンパク源であった。日常で食べるのに必要なのである。食べるためには殺さなくてはいけない。殺せば血が出る。

日本人も野生の獣肉を食べないわけではない。シカやイノシシである。一昔前は鯨肉も主要なタンパク源であった。しかし昨今、せいぜい日本ではブッシュミート食はバラエティ番組の対象か単に好奇の対象でしかない。あるいはアフリカのレストランで物珍しげに食べるのが落ちであ

市場で黒焦げの燻製にされて売られているサルの死体。ごく日常の光景である

ろう。考えてみるに、人類の長大な歴史の中で、家畜が普及するごく最近までは野生動物の肉が人類の食物の主要対象であったのであり、肉としての利用なしでは人類の祖先は生きながらえてこなかったことを喚起したい。

とはいえ、ブッシュミートに関し大きな問題は横たわっている。アフリカ熱帯林地域の住民は、もちろん魚、特に河川で捕れる淡水の魚もタンパク源としているが、ブッシュミートに頼っていることは確かだ。問題の一つは、ブッシュミートに代わり得る家畜などの代替タンパク源が不足している点である。ニワトリやヤギなどが村で飼われていることはあるが、その数は少なく主要なタンパク源となりえない。規模の大きな養鶏場や飼育場とそこでの飼育技術の発展が期待されるところだ。もし肉牛を大々的に飼うとなると、広大な開けた土地が必要となる。しかし熱帯林でそうした土地が期待できないのも事実だ。

ブッシュミートも従来のように自家消費のみであれば、地域の野生生物保全に多大な影響を及ぼすとは考えにくい。コンゴ共和国であればその法律の規制のもと、狩猟期に許可された区域に限り、許可された手法のみで、保護種でない動物を対象に狩猟することができる。それには商業取引が伴わないという条件が付く。いまやブッシュミートは商業ベースに乗り、多大な量が消費されるに至った。大規模な野生生物の狩猟が違法に行われるようになったのである。結果的に熱帯林の生物多様性保全まで危ぶまれている。なぜ、こうした「ブッシュミート・ビジネス」が横行するようになったのであろう。

## 人口の急激な拡大と熱帯林伐採業

一つは、近年人口が爆発的に増え、代替タンパク源がほとんど存在していない状況でより多くのブッシュミートがタンパク源として必要とされている点である。また地方から大きな都市に集まった人々が、自分の生まれ育った故郷でのブッシュミートをほしがるようになり、大規模なブッシュミート・ビジネスを引き起こした。

従来、森で多数の野生動物を一度に殺害し、その大量のブッシュミートを運び出すことは不可能であった。森の中は基本的には徒歩でしか移動できなかったからである。ところがその森の中での移動を容易にする出来事が生じた。熱帯材の木材需要に応じた森林伐採業の到来である。近年、世界各地からの需要は増す一方、伐採手法も組織的になり大規模化してきた。切り出した大型の樹木を近郊の製材工場や積み出し港に運び出すため、森の中に道路を作る必要が生じた。それまで徒歩でしか行けなかった場所へ、トラックを用いて容易に短時間で到達できるようになった。それは同時に、密猟者や武器の移動を容易にし、大量のブッシュミートを村や町に運び出すことも可能にしたのである。

## 伐採区域と国立公園

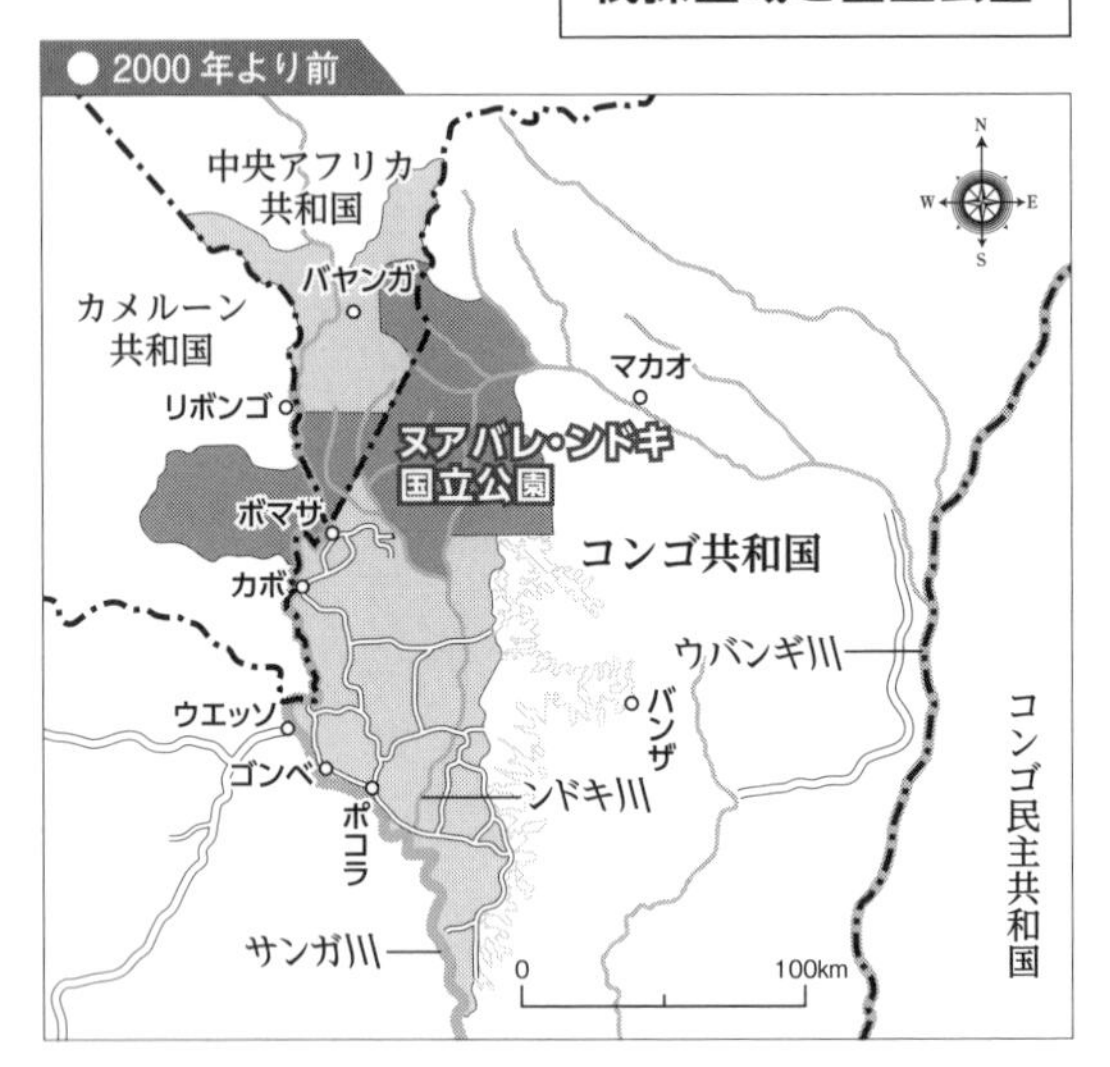

2000年より前
中央アフリカ共和国
カメルーン共和国
バヤンガ
リボンゴ
マカオ
ヌアバレ・ンドキ国立公園
ボマサ
カボ
コンゴ共和国
ウバンギ川
バンザ
ウエッソ
ゴンベ
ポコラ
ンドキ川
サンガ川
コンゴ民主共和国
0
100km
N
S
W
E


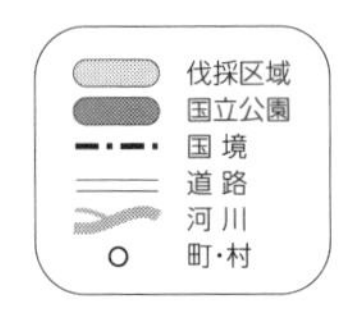

伐採区域
国立公園
国境
道路
河川
町・村


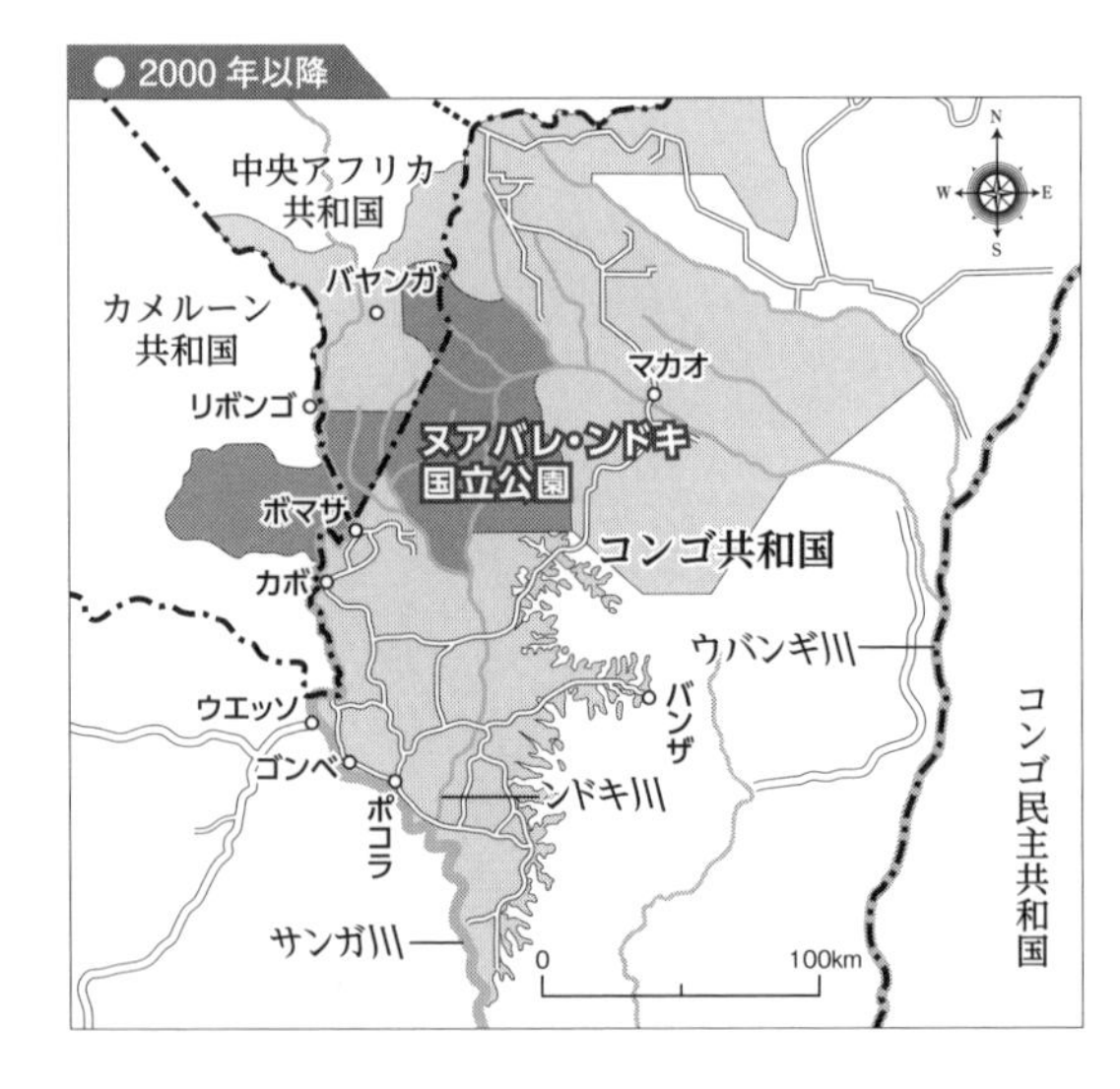

2000年以降
中央アフリカ共和国
カメルーン共和国
バヤンガ
リボンゴ
マカオ
ヌアバレ・ンドキ国立公園
ボマサ
カボ
コンゴ共和国
ウバンギ川
バンザ
ウエッソ
ゴンベ
ポコラ
ンドキ川
サンガ川
コンゴ民主共和国
0
100km
N
S
W
E

アフリカ熱帯林での伐採といえば、日本人には遠い場所での出来事と思うにちがいない。日本で木材利用といえば、植林したスギやヒノキのことを思い浮かべると思うが、しかし「熱帯材」利用といえば、ラワン材とかマホガニーを「高級材」として東南アジアから大量に輸入してきた。その熱帯材が、需要が高くなり輸送手段の発達したいまや、アフリカからも切り出され世界各地に運び出されている。しかも植林の樹木を切り出すのではなく、これまで人間による大規模な活動のなかったアフリカの「原生の森」由来の樹木を切り出すのである。伐採というのは植物という生物を大規模に殺害して人間が利用する行為だということを忘れてはいけない。

ほとんど日本人には知らされていないことだが、近年の資料（Eurostat, World Trade Atlas, national yearbooks of import statistics, 2007）では、日本は世界の中でもアフリカ熱帯材輸出先のトップクラスに位置する国であることが示されている。アフリカに日本の林業会社は来ていないが、商社が買い付けているのである。日本で「熱帯材」として売られているものは、東南アジア由来だけでなくアフリカ由来のものもある。それを買っているのはわれわれ日本の消費者なのである。したがって日本はアフリカでのブッシュミート問題に拍車をかけた国の一つとして言われても仕方があるまい。アフリカ熱帯林の伐採と過剰なブッシュミート問題は、日本人とは無関係とはいえないのだ。

## FSC認証の必要性

特定の産業のないアフリカ中央部の熱帯林を有する国々にとって、熱帯材輸出は国家経済を担う大きな資源である。したがって熱帯林伐採をただちに中止せよというのは非現実的な言動だ。

FSC 認証マークの付いた木材を搬出するトラック © 伊藤彩子

問題は、樹木伐採による熱帯林生態系全体での負の影響をどれだけ最小化するかという点である。これには、熱帯林生態系全体を壊す皆伐方式のようにすべてを伐採するのではなく、計画的に限定された区画のみで伐採すること、その伐採される植物種の対象を厳格に選抜し、直径も一定以上の大きさのものに限定すること、ある地域を伐採したらしばらく手を入れず自然回復を待つこと、などの配慮が必要となる。

キーとなる一つは、植物である樹木が「合法的」に商業伐採されるにしても、その伐採区に棲む野生動物は「合法的」に保護されなければならない点にある。たとえばアフリカの熱帯林に生息するマルミミゾウは果実の種子散布を通じて次世代の植物を育む重要な存在である（四一頁参照）。マルミミゾウの狩猟は違法行為であるが、それを伐採区内で阻止することで、その熱帯林の生態系が持続的に再生維持され得るのである。

こうした計画的伐採管理と野生動物の保全、そして労働者や地域社会への社会的配慮などが一定の条件をクリアすれば、伐採会社は「環境・社会配慮型」のＦＳＣ（Forest Stewardship Council）と呼ばれる国際認証を持つことができる。アフリカの熱帯林では、主にヨーロッパ系の伐採会社でこうした動きが強い。ヨーロッパの熱帯材市場では認証付きの木材が中心となっている。こうしたＦＳＣ認証の林業が環境保全と経済発展の両面を成立させる現段階でのベストな方途であると考えられる。仮に伐採道路がブッシュミート狩猟や密猟・密輸を加速化する可能性があっても、認証制度に従い、伐採の対象である植物だけでなく野生動物を含む野生生物全体を適切に永続可能な形で管理することは不可能ではないからである。実際の例として、コンゴ共和国では各伐採会社がレンジャーを雇い、伐採区内での野生生物への違法行為を取り締まっている。そのことはＦＳＣ認証を取得するための重要な条件の一つとなっている。

われわれ消費者も、紙製品や木材製品を買うときにはＦＳＣ認証ラベルの有無を確認すべきである。遠い日本からでも、地球の肺と呼ばれる熱帯林の保全に繋がり、地球環境全体をも救う手段の一つになり得ると考えられるからである。

二〇一四年に西アフリカ諸国で大勢の死者が出て、さらに欧米にも一部波及したことでより多くの人に知られるようになったエボラ。昨今のウイルス出現の原因は、伐採など過剰な熱帯林の開発にあるとされている（二三三頁参照）。こうした未知のウイルスの出現を抑えるためには、仮に熱帯林伐採を継続することになっても、ＦＳＣ認証のような形で熱帯林生態系という環境の永続的な保全を目指した人間の経済活動が望まれる。

## 資源開発とインフラ整備は地球上の野生生物保全と両立し得るのか

アフリカは木材だけでなく石油や鉱物といった天然資源が豊富なことから、近年それらを諸外国へ輸出することで経済開発が進んでいる。そうした資源を目当てに、日本を含む多くの先進国がアフリカに投資している。ほとんどの天然資源開発業は外資系企業であるのが実態である。それは技術や資本に乏しいアフリカ中部の諸国にとっては逆に恵みであり、採取された天然資源の量に応じて税金をかけることで国家財政を形成し得る。

アフリカ中央部熱帯林諸国では、インフラ整備の進展が急速に高まっている。いずれの国にとっても国力と経済の発展のためには必要不可欠な事業ではあるが、問題はその開発に伴う周囲の自然環境に与える影響と熱帯林の保全に目を向けていない点である。たとえば、ダム開発では、予想される森林の水没地域やその広さ、ダメージについてのアセスメントがなされていない。道路や橋などの建設によるアクセスの改善も、一方で野生生物の脅威が拡大することを配慮しなければならない。場合によっては、先住民の伝統的暮らしや土地にも被害を及ぼす。

とはいえ、国家としての経済発展の必要性を無視することはできない。人間の食の安全保障問題とも関わってくるからである。食料貧困対策の一環としては農地開発があげられる。留意すべきは、熱帯林地域の農地開発では大方の場合、熱帯林を破壊することが前提となる。また焼畑農耕は非効率的であるばかりでなく、火入れ作業によって炭素ガスの排出を増進させ、気象変動をさらに進行させかねない。タンパク源供給に関しては、もともと熱帯林地方の住民の多くがブッシュミートに頼り、その上、昨今のブッシュミートの過剰なビジネスが生物多様性保全にも危機をもたらしかねない。一方、大々的に家畜業を展開することも、熱帯林の場合はその自然環境を切り開いてからの事業になりかねないのである。

このことは、国際支援と称する食料確保事業が環境保全と相反する実状にあることを示唆している。こうしたジレンマの中で、長期的ビジョンに基づいたもっと根源的な問題に目を向けるべきではないのか。その一つは人口問題である。食糧援助、そして保健医療の充実も、医療設備や技術の行き届いていないアフリカの多くの地域では、人間の尊い命を救う国際貢献の事業の一環として重要だ。しかしその結果として生じる人口のさらなる増大に対応し得る食糧対策や経済貧困対策は事前に打ち出しているのであろうか。近代教育の浸透が先住民の伝統文化を崩壊させる要因となっていることも同様に、国際支援による欺瞞の一つであるといえるかもしれない（一二八頁参照）。

## 目の前の象牙と象肉、そしてムアジェの悲劇

一九八九年、ぼくが初めてコンゴ共和国に行った時のことだ。ボマサ村のぼくの借家にどやどやと人がやってきた。象狩りをしてきたらしい。四～五頭殺したという。象牙が二本転がっていた。ぼくは目の前にある、その一対の象牙を見る。ぼくを日本人と知っていたからであろうか、村人はそれをぼくに売りたがっていたようだ。ぼくはそのとき全く無反応だった。もちろん象牙を買う気は少しもなかった。通念として、ゾウ猟とその象牙が取引されることがよくないことは何となく知っていた。

ぼくは二度ほど象肉を食べた（五二頁参照）。町の森林省のスタッフの家に招かれたときに出された肉を、ぼくは象肉と知らず食べ始めた。食べながらそれが象肉だと言われ、許可されたもの

コンゴ共和国で密猟されたマルミミゾウ。象牙を抜くために頭から先が切り取られている ©WCS Congo

だと説明を受ける。そんなことがあるものかと疑念は抱くが食べ続けた。別の日、ボマサ村でも村長が象肉料理を提供してくれた。村でのごく普通の日常食で、ぼくとしてもその食事はただ日々の食事の一コマでしかなかった。当時、象牙、象肉、ゾウの密猟、象牙の違法取引……、その何ひとつをぼくはわかっていなかったのだ。

一九九六年七月、ぼくはマイク・フェイの操縦するセスナ機でヌアバレ・ンドキ国立公園のボマサ基地から首都ブラザビルへ向かう途中、いくつもの巨大なバイの上空を通った。オザラ国立公園周辺で空撮をするためである。圏内にあるバイの一つのモアジェと呼ばれるバイにおいて、大量のゾウの惨殺死体を発見した。われわれは何回もその上空を旋回し、完全な白骨死体から真新しい生の死体まで数百ものゾウの遺骸を確認した。

その後、マイクらがヘリコプターと徒歩で現場に行き、ゾウの死体の数は三〇〇以上にも上ることが確認され、死体の古さに差があることから、このムアジェ・バイでは何回にもわたって繰り返しゾウの密猟が行われていたと判断された。ゾウに残る銃弾の傷痕から、密猟はカラシニコフ（AK-47）と呼ばれる自動小銃で行われていた。母親の死体のそばに子どもの死体もあった。ゾウの密猟では通常は牙の大きいオスが狙われやすいが、ここではメスも殺害されてその象牙が抜き取られていた上に、自動小銃によりおそらく母親の近くにいた子どもも巻き添えにあったのだと推察できた。

ムアジェ・バイでの惨劇が発見されてから一年以上の月日が経った。ぼくは再度バイへ赴いた。それは満月の夜のことだった。夕刻が過ぎ、辺りが闇に包まれてしばらくしてから、ゾウの群れが続々と湿地性草原に入ってきた。日中そこに姿を見せなかった彼らは、ずっと夜を待っていたのだろう。何百という仲間の白骨死体の間を縫うようにやってくる。折から立ちこめていた靄(もや)が満月を包み込み、何となく沈んだ気分になっていたぼくにとって、このぼんやりと見えるゾウの群れの光景はなぜかとてもやりきれないものだった。月光に照らされた姿はたとえようもなく甘美で、しかしもの悲しい光景であった。

ムアジェの悲劇が物語っているのは、ゾウの肉目的ではなく象牙目的でマルミミゾウが殺害されたことにある。人間による象牙利用や取引にはどういった背景や歴史があり、しかもなぜこうした大量殺戮が起こったのかを、まだ当時のぼくは知る由もなかった。ぼくは日本人として、「日本人は印鑑などに象牙を使っている」、しかし「象牙利用は禁止されているようだ」といったことを、おぼろげながら知っていた程度である。マルミミゾウの象牙が日本人に重宝されていた歴史的事実に気付くには、まだ何年もの月日を要したのである。

アフリカ中央部全域において、マルミミゾウの狩猟を違法行為とする法律が制定されているにもかかわらず、象牙目的のゾウの密猟は増加している。アフリカ大陸において最大面積の熱帯林を

糞のカウントに基づいたマルミミゾウの生息分布図

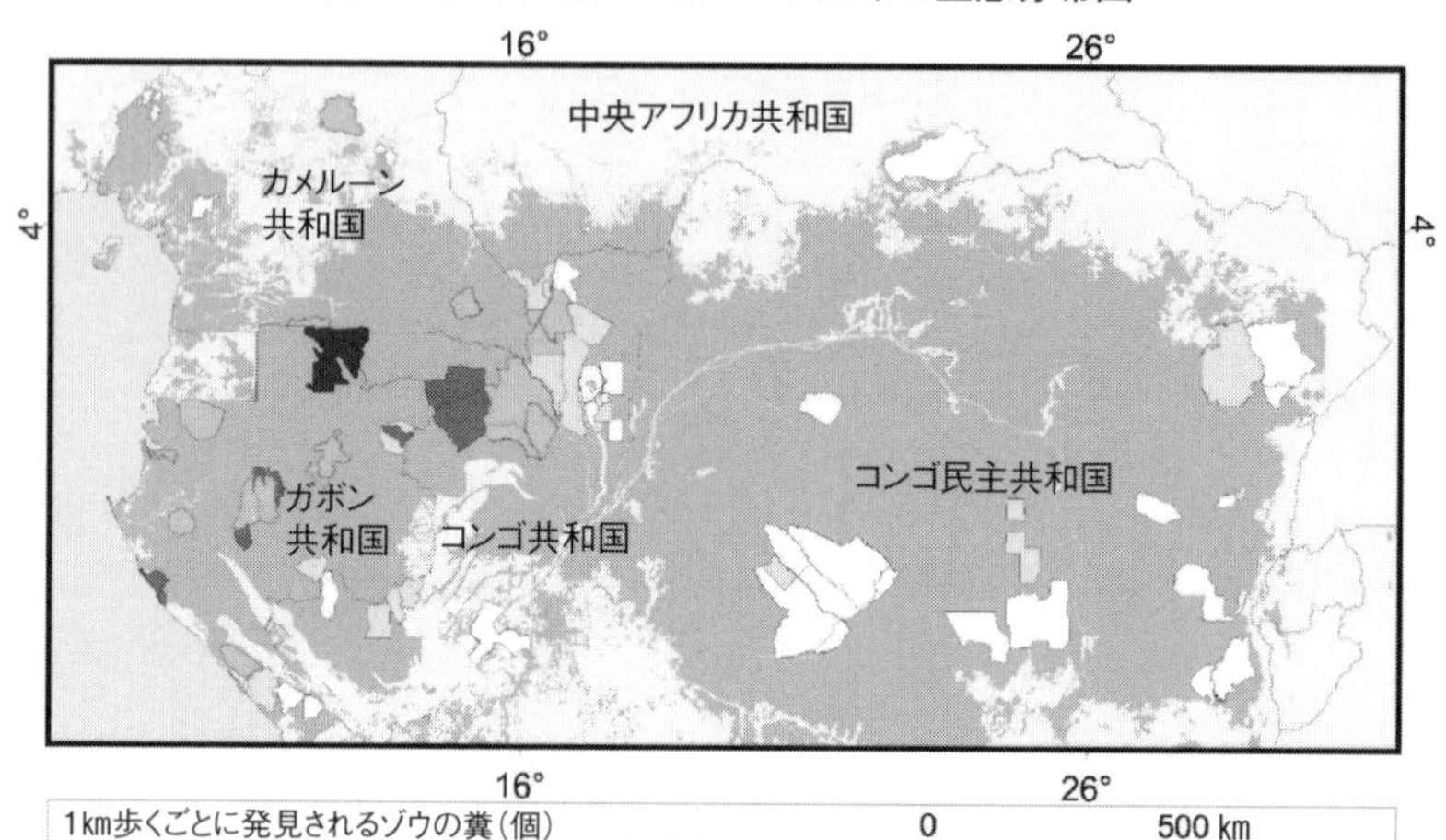


※色の濃い地域ほど生息密度が高い。　（出典：F. Maisels et al. 2013）

有するが、人口や熱帯林開発業も多く、内戦の影響が著しいコンゴ民主共和国ではその傾向が強い。二〇一三年にWCSの研究者を中心に発表された論文では、アフリカ中央部熱帯林地域全体で、ここ一〇年の間に六〇％以上もマルミミゾウの棲息数が減少したという調査結果が示された。いまや辛うじて相当の頭数を保持しているのは、コンゴ共和国北東部とそれに隣接するガボンのいくつかの地域のみである。よりよく保全されてきたヌアバレ・ンドキ国立公園とその周辺部の約二万平方キロですら、密猟によりここ五年で一万頭から五千頭に減少したほど危機的な状況にある。この減少速度を単純にあてはめると、計算上では後五年で絶滅しかねないといえる（幸い二〇一七年の分析中の最新データではゼロ頭にはなっていない）。

## 人類はなぜどのように象牙を利用してきたか

象牙はゾウやその祖先種の門歯が発達したものである。人間の歯はそれを支持するため歯槽骨（歯茎）に挟まっているが、象牙も頭部下部に深く入り込んでいる。そのため、われわれが歯を抜くこと以上に生きているゾウから象牙を採取するのは困難である。人間が抜歯をするときのように、ゾウに麻酔をかければ象牙を抜き取ることは可能であるが、象牙の体内に入っている部分が長いため大がかりな作業になる。それに、象牙を求める密猟者には、麻酔によりゾウを眠らせるための必要な装備を準備するほどの資金がない。そこで手っ取り早いのがゾウを殺害することである。その上で、斧やのこぎり、山刀を駆使して、象牙を抜き取る。それゆえ「ゾウを殺さなければ象牙は取れない」ことになる。

人類の自然界利用の一つとして、象牙は、色、美しさ、気品の高さ、彫りやすさ、適度な重さ、耐久性などの理由で古くから利用されてきた。人類による最初の象牙利用は数万年前にまで遡り、石器時代の洞窟などからマンモスの象牙を使って作られた彫像や装飾品などが発見されている。その頃の象牙使用はおおむね宗教または美術品としての用途にとどまり、利用する社会層も限られていた。あくまで

コンゴ共和国北東部で実際に死んだマルミミゾウから抜かれた象牙。象牙が歯茎に挟まっていた部分には血痕がついている

生存に必要な獣肉確保のためにマンモスを殺害し、その副産物としての象牙を利用していたに過ぎない。

象牙の消費量が急激に拡大してきたのは、一六世紀に始まった奴隷貿易時代以降である。アフリカに進出したヨーロッパ勢は、黒人奴隷の売買と同時に「緑の宝石」「白い黄金」と呼ばれた象牙をアフリカから自国に輸出した。ゾウが象牙のみを目的として殺されるようになったのはこの頃からだ。一八世紀のヨーロッパでは置物のみならず、小刀の柄、化粧道具、嗅ぎ煙草入れなどに象牙が使用された。植民地時代の一九世紀後半には象牙の需要は新たなピークに達し、産業革命後の一九〇〇年前後の欧米では、パイプや櫛、ビリヤードの玉、ピアノの鍵盤などに象牙が利用された。

その後一九六〇年以降に中国と香港、日本において象牙需要が急上昇し、日本が象牙最大消費国となったのは第二次世界大戦以降で、印章や三味線の撥(ばち)、根付、彫像、箸などの象牙製品が大衆に広まった。日本の需要の特色は、宗教的な理由や装飾品とは無関係に、主に実用品に象牙が利用された点、日本の象牙業者が「ハード材」と呼ぶマルミミゾウの象牙に固執する点である（一七七頁参照）。

象牙取引を取り締まる強硬な処置がないまま、一九七九年に一三〇万頭と推定されたアフリカゾウは密猟のため一九八九年には半減した。それを受けて一九八九年には、ワシントン条約（絶滅の恐れのある野生動植物の種の国際取引に関する条約）により象牙の国際取引が全面禁止に至ったのである。しかしながら、一九八九年の象牙の国際取引禁止以来、密猟と象牙の違法取引はいまだ継続している。

中国は昨今の経済成長に伴い、多くの富裕層が高価な象牙美術品を買い集めている。アフリカに数多く進出している中国人による象牙の違法入手も問題である。タイではゾウは神聖な動物とされているため、従来は殺されたゾウの象牙ではなく、家畜象の象牙や年老いて自然死したゾウの象牙を素材として仏像に彫刻してこそ一層の価値があると考えられてきた。しかし密輸業者はそこにアフリカ産の違法象牙を混在させてきたのである。

こうした状況で、アフリカ現地でのゾウの密猟や象牙取引などの違法行為を取り締まる現地当局の強化は言うまでもないが、そこにも汚職や腐敗が蔓延しており、密猟をただちに防ぐのは容易ではない。現地での象牙の密売買は最も効率のよい現金獲得手段である。経済的に恵まれていない現地の人が、違法行為とわかっていてもゾウの密猟と象牙取引に手を染めるのはこのためである。

一方で、ゾウの頭数が激減しているのは、急激に進展する熱帯林地域での開発業と人口増加に伴う居住地や畑作地拡大による熱帯林の縮小のためでもある。熱帯材や鉱物資源を目的とした開発業により網目状に道路が造られたために、密猟者のアクセスも、密猟のための武器や密猟による象牙など獲得物の運搬も容易になってきていることも事実である。

内戦やテロも密猟を激化させる要因の一つである。特にアフリカ中央部の国々は政治的に不安定な国が多く、内戦やテロで通常軍隊が必要とするのは現金と肉であるため、ゾウはその格好の狩猟対象となっているのだ。象牙を売ることで大量の資金源を稼げる上、兵士を養うための大量の肉も一度に確保できるからである。さらに内戦後も、自動小銃などの武器が安価に出回り、ゾウの密猟が助長されている一因となっている。

そうした中、世界中の野生ゾウの生息地から糞などのサンプルを採集し、それぞれの土地におけるゾウのDNA分布図が分子生物学者などの尽力で作られつつある。これにより、違法象牙が押収された時にそこから検出されるDNAと照合することで、その象牙がどの国のどの地域の野生ゾウ由来であるかを突き止められるようになってきており、密猟対策への戦略を強化することが可能になりつつある。

違法象牙押収量がピークに達した二〇一一年を皮切りに、世界の様々な国々が、保有する押収象牙や違法象牙製品の一部を焼却あるいは粉砕処分をし始めている。野生ゾウを保有するアフリカの国々だけでなく、象牙の需要があるアジアの国々でも開始されている。国として違法象牙は扱わない、違法取引を根絶させる、ゾウの保全に向けた世界へのメッセージ発信だ。それは地球規模での野生生物保全を目指した国際協調への強い意思表示でもある。現在の象牙最大利用国である中国でも実施された。また、ぼくが現場で保全の業務にあたっているコンゴ共和国でも二〇一五年大統領令で施行された。

さらにわれわれは、もっと根源的な問題「人口増加」に対する具体的処置を考えなければいけない（一五三頁参照）。人口が増えれば、経済成長の緩まぬアジアではさらに象牙の需要は高まる可能性がある。アフリカでは経済的貧困層が増え、ゾウを密猟し象牙を売買でもしなければ生活できない人々が増えてきている。人口増ゆえ人間の居住区や農地開発の必要上、野生ゾウの生息域は狭まるばかりである。なぜかたいていの保全論者はこの根本的な論点を強調していない。人間の居住区とゾウの生息域を仕切る柵などの物理的な障壁をつくるというのは、小手先の解決策でしかないとぼくは考える。否、人間とゾウとの共存などただの綺麗ごとの言葉遊びで、砂上の楼閣でしかなくなる日は遠くないと思わざるを得ない。

## ツーリズムは保全に役に立つか

ゾウの密猟など野生生物を犠牲としないツーリズム業の推奨もあげられるが、道路や、より多くのツーリストを招く宿泊施設などの建設場所を確保するには熱帯林の伐採が必要となる。これは、熱帯林地域では大規模なツーリズムを振興させるのは現実的に困難であることを意味する。したがってツーリズムは野生生物保全手段の一部にはなっても、伐採に代わり得る大規模な経済資源にはなりえないのである。ツーリズムで成功しているケニアなどの東アフリカ諸国や南アフリカ共和国・ボツワナなど南アフリカ諸国と異なるところである。

さらにいえば、欧米主導型で作られてきた昨今の「エコ」ツーリズムについても大いに反省の余地があるだろう。その定義は様々であるが、いったいどこまで「環境配慮型」といえるのであ

ろうか。熱帯林地域の場合、エコツアーと称しながら、道路などのアクセスや充実した宿泊施設
などの拡大や便利さを望むツアー客は多いのではないだろうか。熱帯林の中に道を作ること自体、
すでに森林破壊であり、これまで徒歩でしか移動できなかった静寂な森の中を自動車が騒音と排
気ガスを出して走行することになる。ツーリストが捨てたゴミが、どこでどのように回収され処
分されているのか、確実に突き止めている人はほとんどいないのではなかろうか。
アフリカ中央部熱帯林地域に訪れるツーリストの多くは、すでにアフリカの他の地域をめぐってきている。アフリカ中央部は政情不安やアクセスの困難さでこれまで訪問しにくかったのである。アフリカ中央部熱帯林地域は魅力的であるが渡航費用が高く、すでにツーリズムが確立していてその三分の一以下の費用で行ける東アフリカや南アフリカを選んできた。すでにそうした場所でサバンナゾウやマウンテンゴリラなどを観察してきたのである。高額をかけて訪れるアフリカ中央部熱帯林での観察の目玉は、サバンナ地域には存在しないマルミミゾウとニシゴリラとなる。そうした特定の動物種に焦点を当てるツーリストがほとんどであり、結果的に彼らの多くはそれら特定の動物種の写真を撮ることに夢中になり、生物多様性保全への貢献とは無縁であるように思えるのである。それを称して「エコ」ツーリズムと呼ぶのであろうか。あえていえば、自らのそうした「自己中心的な」目的を果たすがための「エゴ」ツーリズムといってよいのかもしれない。

# 8 海洋地域での漁業と石油採掘

## カバはなぜ海に入るか

二〇〇三年から四年間、ぼくはガボン共和国の海浜地域に位置する国立公園の保全管理に携わった経験があり、アフリカの大西洋岸における海洋生態系とその保全に関わる機会があった。ロアンゴと呼ばれるその国立公園は、これまで人間の影響がほとんどなかった約一〇〇キロメートルに及ぶガボンの砂浜と、それに続く内陸のモザイク状に広がる草原地帯と熱帯林地域から構成される。そこでの最大の話題の一つは「海に入るカバがいる」ことであった。

実際、ナショナル・ジオグラフィック社やBBCなど著名なメディアは海を出入りするカバの撮影に成功した。ぼくがコーディネートしたNHK番組の撮影隊も粘った末、映像に捉えることができた。砂浜のどこでも見られるというわけではないが、その足跡からおよその場所が特定された。海への出入りが起こるのは、日中よりは薄暗い早朝か夕闇迫る時間帯あるいは夜であった。そこで暗い時間帯にいくつかの場所で待ち伏せをして、その観察機会を待ったのである。

淡水性のカバが海に行くはずなどないと固定観念にとらわれている人は、この事実を受け入れがたかったようだ。しかし海で何をしているのであろうか。詳細はわからない。砂浜から海に入り、波を越え、数十メートル沖に向かい、その後、波に乗り、また砂浜に戻ってくる。映像を拡大してみると、頭部を海水面下から上げた後の口元に海藻が垂れ下がっていた観察事例があったので、どうも潜って海藻を食べていたのではないかと推測される。カバがいたとされる場所を干潮時に見ると、そこは岩場で岩のりのような海藻が生えていたことが確認された。

カバが海に入る理由はそれだけではないと考えられている。カバの主要な生息地は淡水域である。河川であり、湖であり、汽水湖（ラグーン）である。実は海に近い場所では、このラグーンは海と非常に近く、雨量の多い時期には海と繋がっている。カバは、海岸沿いにいくつも点在しているラグーン同士の間を移動している場合があるのだが、果たしてどのように移動するのであろうか。もちろん陸地沿いにあるいは砂浜を歩いて隣のラグーンへ移動することもできる。しかし、その自らの体重と陸地を移動する際の機動力の弱さを考えると、陸地や砂浜を移動するよりはラグーンから直接海に入り泳いで移動する方がはるかに効率がよいのではないだろうかと推察される。カバはラグーン同士の間の移動手段として海を利用したのだ。

海を移動している時に、もし海藻があればそれも採食する。ラグーン間の移動のためだとすれば、カバが海に入ることはごく日常的なもので、何か特殊な行動ではなく、むしろわれわれがカバは淡水利用だという先入観にとらわれていたに過ぎないのかもしれない。むしろカバの海の利用がいまやほとんど見られなくなったことにこそ問題の本質がある。それは人間が海浜部に進出したからにほかならない。様々な形での人間の過剰な海浜部利用のために、本来のカバの野生の姿が見られなくなったのだ。

カバだけでない。ロアンゴの海岸にはマルミミゾウも訪れ、ゴリラも来る。アカスイギュウは波打ち際で走り、ときにはまどろむ。海浜部に迫っている熱帯林から動物がやってくるのである。決して海に入るわけではないが、砂浜に続く草原部の草本類を食べ、季節によっては海岸沿いの樹木の果実を食べに来たりする。アカスイギュウはときに何をすることもなく、砂浜に座り、いかにもくつろいだ様子である。風が気持ちよく、その風があるゆえ虫にもたかられないのであろう。

大西洋を何千キロも渡り産卵に来るウミガメもこの砂浜を利用する。体長数メートルに及ぶ巨大な希少種オサガメの世界有数の産卵地にもなっている。オサガメだけではない。ガボンの海岸には、アオウミガメ、アカウミガメ、ヒメウミガメ、タイマイなどの生息している。カニ、ワニ、トカゲなどは、波打ち際の魚でも捕らえようとしているのか、陸地と波打ち際を絶えず行き来している。カニを食べに砂浜にやってくるジャコウネコを狙ってヒョウも海岸に出てくる。

砂浜でくつろいでいる様子のアカスイギュウ

そうした生物を通じて、陸地と海の連続性が強く感じられる。もともとそういう世界だったから「繋がり」は当たり前だったのだろう。偶然にもロアンゴ国立公園の海浜部では人間の影響がほとんどなかったため、いまでもこういう光景が日常的に見られるのである。森林と海は自然環境において連続していて、そこには隔たりがなかったのだ。われわれが便宜的に「海と陸地」という仕分け構造をつくり、まるで別物のように扱ってきたからに過ぎない。本来自然界はすべて繋がっているのである。逆にいえば、われわれは海浜部という自然界を利用することより、その繋がりを断ち切ってしまったのだろう。

## 人間の海浜部利用〜小規模から大規模な活動へ

現在は人の住んでいないロアンゴの海浜部でも、古い時代の漁労採集生活を偲ばせる牡蠣を中心とした貝塚や、模様の付いた土器の破片などの遺跡がところどころで見つかっている。しかし、海浜部付近では淡水を獲得するのが困難なため、淡水が確保できる限られた季節の限られた場所で小規模な活動があったと推測される。奴隷貿易時代、植民地時代における人間による痕跡も見つかっている。欧米人が利用した陶器、パイプなど日用品の破片が、海浜部で見つかっているのである。しかしその時代による人間の海浜部利用も一時的なもので、大規模なものだったとは思われない。

しかし時代とともに次第に大規模に人間は海浜部に進出していった。淡水を確保できる海浜部において大規模な開発が進められた。それに伴い周辺に居住する人間の数も増え、自然のままの海浜部が急速に失われていったのである。人口増加に伴い、ウミガメが産卵した卵も食用として乱獲されるようになってきた。

人間による大規模な進出の一つに、商業漁業のための近代的漁港の建設がある。もう一つがリゾート地としての海浜部開拓と大勢の人々の訪問があげられる。たとえば、海水浴場としての開発、リゾート地としてのロッジなどの建設、スポーツ・フィッシング、クルージング、サーフィン、スキューバー・ダイビングなどの活動があげられるであろう。さらに大規模な開発としては、海の埋め立てがあるだろう。これにより海浜部の環境は激変した。いまの世界では、人口集中エリアはほぼ沿岸部である。野生の海浜部は地球上にもはやわずかしか残っていない。ロアンゴはその稀少な場所の一つなのである。

海底油田開発は国際的な化石燃料への過度な需要に基づく。ガボンの沖合では日本企業も進出している。そこで発生するのは、海底油田基地から陸地の製油所へ繋がるパイプラインからの油漏れ汚染の問題である。汚染は一度起こると、波や海流により砂浜に押し寄せ、海浜部は油まみれになる。結果的に野生生物がそこを訪れることはなくなり、ウミガメなどは産卵ができない状況となってしまう。

違法漁船の問題はさらに深刻である。国際法で三海里内での商業漁労活動は禁止されているにもかかわらず、大型漁船がその領域に日常的に立ち入る。しかも漁船は淡水魚と海水魚の交差点

中国の国旗が見える違法漁船

でもある河川と海の交わる河口部に集中している上、トロール(底引き網)漁法を行っているので、ウミガメやサメ、イルカも含め、ありとあらゆる種類の海洋生物を根こそぎ捕獲していく。

これまでのデータでは、違法漁船は中国人の乗ったものであることが多い。船には中国の国旗もはためいていた。一度だけガボンの取締官と共にそうした違法漁船を差し押さえ、その船内に潜入したことがある。それは適切な許可証などを持っていない違法漁船であった。甲板上にはあちこちに捕獲されたと思われる大小多数の種類の魚が散乱していた。担当官と共に船倉へ入っていく。そこは大型の冷凍庫のようなものになっていて、捕獲後すでに冷凍された小さな魚が束になって積まれていた。捕獲されたばかりのマグロのような大型の魚やサメ、ウミガメなども所狭しと大きな籠の中に収容されていた。

こうした漁船で捕獲された海産物はいったいどこに流通していくか。すでに大半は冷凍化されているところをみると、そのまま遠距離に移送される可能性も大きい。世界中の海産物の過剰需要に応じた供給源なのかもしれない。そうした違法漁労による大量の海産物は、安価なものとして世界に蔓延していると想像される。日本国内の老舗の寿司屋さんは、たとえば回転寿司などに見られるような安価なネタはありえないとぼくに語った。そうした格安な魚はどこから仕入れられるのであろうか。こうした違法漁船により捕獲されたものは正規ルートを辿らず、価格競争の勝者として市場に氾濫しているのかもしれない。

　また、ロアンゴ国立公園の一〇〇キロにわたる砂浜は古くから人間による影響がほとんどないにもかかわらず、大量のゴミが見られる。海流や波で沖合から運ばれてきたものだ。われわれはプロジェクトの活動の一環として、一〇〇キロに及ぶロアンゴ国立公園の砂浜の一斉清掃を一年半かけて実施した。集められたすべてのゴミは集積されて特定の場所へ運ばれたか、その場で穴を掘り燃やした後、埋められた。ゴミは処分される前に一つ一つ記録された。可能なものは大きさ、商品名、生産国などの情報も記載した。

　ゴミとして最も数が多かったのは、空のペットボトル、ついでビーチサンダル（あるいはその破片）であった。麻薬のような白い粉の入った入れ物が見つかったり、手紙入りの空の瓶が発見されたこともあった。製品としてわかる物品の生産国は様々である。「ママレモン」という日本製洗剤の空容器も見つかっている。

　重要なことは、こうしたゴミの投棄による製品の生産国が様々な国籍であった点である。想像されるのは、沖合の船舶、海底油田基地、内陸の河川などで投棄されたものが、主としてベンガル海流に乗りアフリカ大西洋岸の南半球側から赤道の方へ流されてきたということであろう。その半数以上はガボンとは無関係な物品なのである。海浜部へのゴミ問題は、人間が物資を利用した後のグローバルな国際問題であるといえる。

## 中国の石油会社による石油埋蔵調査

「中国の石油会社が近々、石油埋蔵調査に来る。しかもロアンゴ国立公園内も含む」。その話を聞いた時、ぼくは耳を疑った。ロアンゴの地域は海洋だけでなく陸地側でも石油が埋蔵されていると推定され、国立公園が設立される以前に、何度となく石油の有無に関する調査・探索が行われてきた。国立公園の外側である南部の陸地では大きな石油会社が石油を採掘している。そこへ今度は中国石油会社が来て同じ調査を行うというのだ。しかも本来ならそうした開発業は許されない国立公園内でも実施されるのだという。

国立公園管理を担うガボンの森林省にもその事情は通達されていなかったが、それは紛れもない事実であった。すでに中国人は国立公園の境界域に大きなキャンプ地を設営、数百人に及ぶ中国人労働者により国立公園の緩衝地域での石油埋蔵調査を始めていた。それがなんとダイナマイトを用いた爆破による振動をもとにして石油の有無を調べるという古い手法によるものであった。二〇〇六年のことである。

石油会社はSINOPECと呼ばれ、中国で第二の国営石油会社だという。すでにガボンの鉱物省から許可証をもらい、翌二〇〇七年からはロアンゴ国立公園内での石油埋蔵調査も実施することが決まっていた。二〇〇二年に一三の国立公園設立を決定した大統領は、「我が国の経済発展のためには、国立公園内であろうが特に鉱物資源の可能性があるのならその埋蔵調査を許可する」

という演説を行ったらしい。

二〇〇七年の国立公園内での石油埋蔵調査が始まる前に、ガボンの環境省が立ち上がった。SINOPECの石油埋蔵調査は大統領許可による国の決定事項ゆえ止めることはできないが、環境ガイドラインを作り、彼らの活動による環境への影響を最大限低減することが提案された。そうしたガイドラインが全く存在しなかった二〇〇六年に、国立公園の外側であったとはいえ、石油埋蔵調査という名のもと何本もの樹木が不用意に切り倒された上、ブッシュミートを食する中国人目当ての違法狩猟が地域に蔓延し、また近隣の河川やラグーンでの魚の大量捕獲などが問題になっていたからである。

象牙の売買もされていたようであった。二〇〇六年にぼくが初めてSINOPECの中国人キャンプを訪れたときのことであった。中国人はぼくをどこかのアジア人と間違えたのだろう。「あなたも象牙を探しに来たのか」と、対応した中国人は挨拶代わりにいきなりぼくにこう英語で話しかけてきたのだ。このことは彼らがすでに象牙取引に関わっていたことを示唆するものだ。

幾度にわたる議論の末、以下のような項目を含む環境ガイドラインが作られた。

労働者の食料は現地調達のブッシュミートや魚に頼らない

象牙の売買など野生生物に関する違法行為には一切関わらない

土壌の環境に影響を及ぼす燃料などの取り扱いに留意する

自動車の運転では制限速度を守る

自動車のクラクションなどむやみな騒音を立てない
むやみに新たな道路を開かない
チェーンソーなどを使ってむやみに樹木を伐採しない
国立公園の中に切り開く人道は必要最小限の幅にする
野生動物への感染症を防ぐために労働者の健康診断と必要な予防接種を実施する
労働者の健康管理のために清浄な飲料水を提供すること
基地でのトイレを整備し人間の排出物の管理を行うこと
国立公園の中での人間の排出物の処理に留意すること
ゴミ処理のためのゴミ穴を作るなどゴミの管理を徹底すること
国立公園の中にはゴミを捨てないこと
国立公園の中では必要以上に騒がないこと
国立公園の中でダイナマイトを爆発させるときは、あらかじめ周囲に野生動物がいないことを確かめてから実施すること
国立公園近辺の地域住民との定常的なコミュニケーションを実施すること
社会貢献として中国人労働者以外にも周辺地域の村落からも労働者を雇うこと
など。

こうしたガイドラインに従い、彼らの活動の監督と評価が毎日実施されることになった。その

環境保全監査は現地で保全活動に従事していたわれわれに委託された。ロアンゴ現地での経験が長く、現地の地理や野生生物にも詳しいぼくがそのチーム・リーダーに任命された。二〇〇七年、ぼくはチーム・メンバーと共にSINOPEC基地に出入りし、多くの日々をその基地で寝泊まりして過ごした。SINOPEC側も何かガイドラインに抵触するような事態が起これば、勝手な判断をせずに事前にチーム・リーダーであるぼくに相談するという手続きが取られた。逆にガイドラインを守らない事態が起これば、ただちに適切なアドバイスを提供した。

ぼくは現地滞在のSINOPEC幹部と常に対話を続けた。彼らとは英語での会話が可能であった。ときにはぼくの片言の中国語で会話するときもあったし、漢字を使って筆談をするときもあった。SINOPEC側も予期していた以上にガイドラインを守り、またそれを遵守する最善の努力を重ねていった。

毎朝、彼らは朝礼を行い、幹部は労働者に対してガイドラインに関する説明を繰り返し行った。それに賛同する証として労働者一人ひとりに署名を求めた。そうしたルールに従わない場合は、労働者にはかなり厳しい罰則が与えられたようだ。徹底した統制ぶりであると感じた。ときには中国人通訳の助力で、ぼく自身が英語で労働者に注意点を説明することもあった。

中国人と一緒の生活は約半年も続いた。朝は四時起き。お粥のような朝食を皆と食べ、夜明けとともに労働者は各配置の場所へ移動。ぼくやチーム・メンバーも、必要に応じて各労働者のチームについて森の中まで同行し、監査を実施した。基地への帰りは日が暮れてからになることも度々あった。各人に仕事の任務が与えられていて、それが終わるまで基地には帰れないのだ。彼らには休日がなかった。来る日も来る日も仕事であった。当然、監査役のわれわれにも週末や休みはなかった。

基地での料理にはもはやブッシュミートはなく、タンパク源としては缶詰食品か町で購入されてきた牛肉や鶏肉が中心であった。コックも中国人であり、限定された料理の素材ながら毎回ぼくは中華料理を楽しむことができた。その一方、隣同士の仕切りはあってもドアのないトイレで用を足すのは、慣れていないぼくにとっては愉快なものではなかった。

月日が経つにつれ、ガイドラインに基づいた彼らの環境配慮はまさに完璧に近い状態になった。指揮系統がしっかりしており、こちらの適宜のアドバイスがあっという間に労働者全員に伝わる。指示に従わなかった労働者への罰則履行も容赦ない。ぼくはそのとき中国という国の国民の「国力」を思わないではいられなかった。ここまで徹底して物事に取り組む様は、日本はもちろん昨今ではどこでも見られなくなっていたからである。

ぼく自身も日常的な対話の相手である幹部と親しくなったばかりでなく、言葉の通じない労働者とも片言の中国語で会話を始めるようになった。仕事の最中には遠くマルミミゾウなどが観察されることがあった。中国人だからその象牙に興味があるはずだというのは先入観であった。現場で働いていた彼らはその野生動物を観察しながら素晴らしいものだと賛辞し、マルミミゾウを背景に写真を撮ってくれとぼくにせがむ中国人が後を絶たなかった。

環境保全や野生生物保全に関して、一般に中国の評判は悪い。しかし中国人は状況しだいでは、環境への考え方が一昼夜にして一八〇度変わるものかもしれない、ぼくはこのときそういう強い印象を持った。「ぼくらは許可証が出たからここで仕事をしているだけ。まさかここが国立公園とは知らなかった」とある幹部がいみじくも語ったように、彼らは国立公園境界も環境ガイドラインも何も知らずに仕事を始めたに過ぎなかった。本国でブッシュミートを食する習慣があったから、それをアフリカにも持ち込んだだけであった。しかし一度「基準」が設定されると、それが滞りなく遵守されたのだ。そうした理解への高い柔軟性と潜在性にぼくは驚いたのである。

六カ月の期間を終えて、彼らの石油埋蔵調査は終了した。基地もきれいに清掃され、労働者全員が国立公園を出た。町に出た幹部らにぼくは誘われて盛大な夕食会があった。お互いの労をねぎらい、ぼくは是非SINOPECで環境アドバイザーとして働いてほしいとまで言われた。知らないうちにそれだけ良好な信頼関係ができていたのかと思うと、その半年に及ぶ苦労も報われたような気がしたのである。石油開発という自然界利用も手法しだいでは保全と両立し得るのかもしれない。

結局、SINOPECはロアンゴ国立公園とその周辺部で石油の存在を確認できなかった。また彼らは別の地へ移動したのである。ぼくはSINOPECでの仕事継続は丁重にお断りし、彼らには帯同しなかった。

# 9 日本人との深い関わり

## 日本史における象牙利用とその広まり

日本では、奈良の正倉院に収蔵されている装飾品や琵琶の撥(ばち)などが象牙細工物として最も古い。その後、初めて象が日本にやってきた室町時代には、すでに象牙は交易品として足利将軍が持っていたといわれている。歴史が進み、江戸時代の元禄年間(一六八八―一七〇四)には歌舞伎など伝統芸能が盛んとなるが、そこに使用された三味線の撥の大半は当初は木製であったと考えられている一方、一六九〇年代には象牙職人が撥を作っている挿絵が描かれている。明治時代に象牙製の三味線の撥が出始めた記録もある。しかし、この時代までに大量の象牙が日本に入ってきた可能性は低く、基本的に上流社会にのみ象牙製のものが出回っていたと推測される。したがって日本における象牙需要は、長い歴史にわたり一般大衆に普及した文化とはいえない。当時の輸送手段の限界からしても象牙製の撥はアジアゾウの象牙由来のみであっただろう。

一方、日本に印章が出回るきっかけとなったのは、明治時代以降の一八九〇年代であるといわれている。当時の兵隊が給与を受け取る時の「認め」のための印として、印鑑が普及するようになったのである。当時、印章の素材は木材であり、その後、水晶が見つかった山梨では水晶で作られるようになった。いまでも印材の彫師が山梨に多いのはこのためである。

一九〇〇年代に入ると日清・日露戦争による好景気により、初めて日本からアフリカに商船が送られるようになった。このときにアフリカゾウの象牙も積み込まれ、サバンナゾウやマルミミゾウの象牙が輸入され始めたと推測される。その過程で象牙が印材として優れていることが判明し、印章の素材が象牙に移行していくようになったのもこの時代以降と考えられる。

軍隊の中で使われるようになった印章は、次第に庶民にも普及するようになり、一九六〇年代の高度成長期以降には象牙製の印章利用が大衆に広がり、一大産業となったのである。このため日本が象牙最大消費国の一つとなり、印章だけでなく三味線の撥などの象牙製品が大衆に広まった。これがアフリカゾウの密猟を加速化させる結果となった。特に印材としての利用は日本の象牙利用の約六〇%を占めた。

## マルミミゾウの象牙への特殊な需要

日本での象牙利用の特徴は、装飾品ではなく印章や三味線の撥などといった実用品が多い点であり、素材として使うものがマルミミゾウの象牙に特化した点である。それは日本の象牙業界では「ハード材」と呼ばれ、「ソフト材」と呼ばれるサバンナゾウの象牙と差別化されてきた。マルミミゾウの象牙の持つ「より弾力性のある硬さ」や、「より高い吸湿性」、「よりよい艶」といった特性による。「より弾力性のある硬さ」は、細かい彫り技術を必要とする印章では、シャープに名を彫ることができ、欠けにくく長持ちする点で重宝された。激しく弦を叩く三味線の撥では、弦との接触の上で軟らかさが求められる一方、演奏中に撥の先端が頻繁に欠けたら困るという点からも格好の素材である。「より高い吸湿性」は、印章、撥と共に、手の平や指の汗などにより滑らないことが大前提であるという条件に必要不可欠である。また象牙そのものにもともと「よりよい艶」がある上に、吸湿性のため汗や朱肉の色が染みこむことによる見栄えの良さも外せない条件となる。こうした特定の種類の象牙へのこだわりは、他のどの国・地域における象牙利用にもみられない極めて特殊な事情である。日本人特有の素材選びへの繊細な感性の賜物ともいえよう。

日本におけるこうした特殊な需要も、一九八九年のワシントン条約による象牙国際取引が禁止されて以来、その在庫が減ってきているいまとなっては注視すべき点だ。一九八九年から現在に至るまでの間、ワシントン条約下の許可のもと、南部アフリカ諸国で自然死や間引きなど合法的なプロセスによりストックされたサバンナゾウの象牙を、日本は二度ほど輸入した。輸入側の需要があったのと、輸出側が象牙を売却したお金で野生ゾウの保護資金に充てたいという思惑が一致しただけでなく、輸出側と輸入側の象牙管理制度が適切なものであるとワシントン条約事務局に判断されたためである。一度目の一九九八年は合計六〇トン、二度目の二〇〇八年は中国も輸入が許可されたが日本は合計四八トンの象牙を輸入することができた。

「ムアジェの悲劇」（一五三頁参照）が起こったのは、まさにこの一回目の特別許可の象牙取引が行われる直前の一九九六年だったのである。密猟に関わった密猟者の一人は、「詳しいことは知らないが、何かの国際会議で象牙取引が再開されると聞いたので、いまのうちからたくさん象牙を採取しておこうと思った」と供述していた。密猟者にはワシントン条約の詳細はわからなかったにしても、そういうした情報の流布がムアジェの悲劇の発端になったことは想像され得る。

二度目の取引再開時には、日本の象牙関係者は南ア諸国の象牙の在庫売買に関して中国と競合することになるため、そのオークション前には戦々恐々としていたらしい。ところが実際には、オークションでは質の良い「ハード材」が紛れていたことが偶然発見され、その高価な象牙の売買では中国と競合が起きなかったという。中国はヒビが入っていようが欠損していようが象牙であればよく、安価な象牙から買っていったという。「輸入が許可された象牙とはいえ、サバンナゾウの象牙では役に立たない」と語っていた日本の象牙業者にとっては朗報であったのだ。実際、中国の場合は日本のようにマルミミゾウの象牙にこだわる習慣はない。

ここで喚起しなければならないことは、その象牙オークションで出展されたものは、本来、南部アフリカ諸国の象牙在庫であるはずだったので、すべてはサバンナゾウの象牙「ソフト材」でなければならないことだった。しかしそこにマルミミゾウ由来の「ハード材」が紛れていたということは、違法象牙が混入していた、つまり輸出側の国々の象牙管理制度に問題があったことを示唆している。

管理制度の問題は、南部アフリカ諸国側だけにあるのではなかった。輸入側の中国や日本も不備の多いことが判明した。その証拠に二〇〇八年の「合法取引」を境に、アフリカでのゾウの密猟をもとにした象牙の違法取引が急増する結果になったのである。マルミミゾウはその結果、絶滅の危機に瀕する状況にまで追いやられている。

日本では昨今、象牙製印章の需要は減少傾向にある。マルミミゾウの象牙の在庫が減る中、サバンナゾウの象牙で印章を作っている可能性はあるが、職人としては理想の素材ではない。ただ、象牙製印章も昔ほどは売れなくなり、より安価でしかも丈夫なチタンや合成樹脂、家畜水牛の角などの代替素材に人気が高まり、象牙製印章だけでは商売にならなくなっているという事情も業界ではすでに広く認知されている。象牙という素材にこだわる時代の終焉は遠くないと察することができる。

## 日本と中国の現行象牙管理制度の課題

日本における現行の象牙管理制度には不備が多く、その改善が求められる。たとえば、①在庫の生牙から象牙製品に至るまでの各段階で、違法物が紛れ込まないようにすべて登録していく義務があるが、情報がパソコン上でデータベース化されていないため、サプライチェーンにおける透明性への信憑性が高くない。たとえば、店頭で売られている象牙製印章が本当に合法的な象牙から作られたものがどうかを消費者は知る術がない。②現行制度では、各小売店にてワシントン条約認証シールをそれぞれの象牙製品に付帯するよう環境省・経産省より通達があるが、これはあくまで「推奨」であり「義務化」されていない。シールを付けることで製品の合法性を消費者に知らせるのが目的であるが、①で述べたようにその合法性の真意を計り知ることはできない。また「推奨」であるためシールが付帯されていない製品があるばかりでなく、小売店によればシールを違法に複製して多くの象牙製品にシールを付けていたという事例もある。③現行制度における生牙の登録制に厳格性はなく、その登録された象牙が違法に入手された可能性があることを否定できない。④インターネットにおける象牙製品の販売への規制がしにくく、そこに違法象牙による製品が紛れ込む可能性は否定できない。⑤日本にはマルミミゾウ由来の「ハード材」の象牙への特殊な需要があるため、本来ならばそれぞれの象牙（たとえば、アジアゾウ、サバンナゾウ、マルミミゾウと分ける）に応じた在庫管理が望まれる。これにより、たとえば「ハード材」の在庫量が明確になれば、特に現在でもそれに対する需要が高い、三味線の撥が必要な関係者（象牙彫り職人、楽器商、演奏家など）が今後の対策を立てやすくなるはずであるが、そうした管理のあり方が問われていない。

現在アフリカでゾウの密猟が多発しているのは、象牙価格が高騰しているためであると考えることはできる。違法象牙で潤沢なビジネスが成り立つからである。密猟を抑えるためには合法的な象牙取引を再開すべきだという提案もあるが、まだ具体性を持った改善の兆しがみられない現行制度のもとでは賢明ではない。明らかに、そこに違法象牙が混入される恐れがあるからである。

古くから象牙を利用し、昨今は世界での象牙需要のトップの座に移行した中国の象牙管理制度そのものは日本より優れている点もある。多くの象牙製品に対して、大きな札による説明カードが付帯されており、そこに原料である象牙の仕入先や登録番号、彫師の名前などすべての情報が記載されている。小売店によってはパソコンが設置されており、消費者は必要に応じて製品の合法性を確認することができるデータベースも完成されている。こうした管理制度を持ちながらいまだに違法象牙の輸入が後を絶たないのは、象牙利用の歴史も古い上、もともと人口の多い広い国土の中で象牙需要人口が多い分、象牙取扱業者も多く、厳格な管理制度が広く浸透するまでにはまだ相当の時間がかかるためであると考えられる。ただ、中国と日本における象牙需要の違いはある。第一に中国では主に実用品ではなくアクセサリーや装飾品であること、第二に「ハード材」など特定の素材の質に対する嗜好性はなく、日本では決して重宝されたことのなかったマンモスの牙の化石でも歓迎されている点である。

その一方で中国は、ゾウの保全へ向けた国際社会との強い協調性を持った歩みもみられる。たとえばアフリカの野生ゾウ生息国へのその保全に向けた資金や装備面でのサポートが実施され始めている。中国では象牙処分が実施されたばかりでなく、二〇一六年のワシントン条約会議では象牙市場の閉鎖へ向けた議論が積極的にされ、中国も段階的にその市場を縮小することに同意した。日本では同じ象牙需要国でありながら、象牙処分や市場閉鎖に向けたこうした国際協調のもとでの積極的な動きはみられていない。

## 日本の和楽器における象牙の利用～自然遺産か文化遺産か

三味線の原型は一五世紀半ばまでに中国から沖縄に移入された三線であった。これが室町時代の永禄年間（一五五八—七〇）に日本本土に渡り三味線となった。歴史的な証拠は少ないが、残されている絵画などを見ると当初の撥は木製であったといえるだろう。歌舞伎などの大衆芸能が流行りだした江戸時代の元禄年間の頃に象牙製の撥が作られ、明治に入ってから象牙製の撥が少しずつ広まっていったようである（一七六頁参照）。その理由は、音響上の適性（理想的な響き・音色）、道具としての適性（身体に対するやさしさ、強度）、製造上の適性（入手のしやすさ、加工のしやすさ）、そして装飾性（美しさ、高級感）などにある。そこに「ハード材」が選択されてきた。

三味線の撥はサイズが大きいため、一本一五キロの重さの象牙でも幅が足りない。ワシントン条約による象牙取引禁止以前のマルミミゾウの象牙の在庫はあるといわれているが、少なくとも日本の環境省の報告書に掲載されている現在の日本の象牙の在庫の重量は、平均すると一本約一二キロであり、撥を作り得るサイズよりも小さい。そんな中、撥の角部が欠けると新たな撥を必要とするといわれる三味線演奏者は、今後そうした素材を手に入れることは困難であり、その単価も高騰化しているのが現状である。

仮に将来、輸出側・輸入側双方の管理制度が改善され、マルミミゾウの象牙在庫について日本と取引可能となる時代が来るかもしれない。しかし野生のマルミミゾウで二〇キロ以上の象牙を保有する個体は現在極めて稀であるため、撥の製作には役に立たない。野生で象牙の小さめの個体が多いのは、これまで象牙のサイズの大きい個体から密猟されてきて遺伝的に大きな象牙を持つ個体が少なくなってきたものと考えられる。

人間はどのようなものに対しても元来は自然界のものを使ってきた長い歴史があり、楽器もその例外ではない。その素材は各時代における有用性などから取捨選択されベストなものが使われてきたのだ。三味線の本体および附属品の基本は、動物や植物に由来する自然素材であった。棹には紅木（こうき）、革には犬猫の皮、撥には象牙、弦には絹、そして糸巻には象牙といった具合である。それは日本人の繊細な感覚に基づいた「優れた音へのこだわりの文化」の歴史ともいえる。

その一方で自然環境の変化や特定の動物・植物などが大量に捕獲されてきた歴史の流れの中で、楽器を作るためのそうした自然界の素材の確保が困難になってきたのである。従来のような形で特定の素材に固執することができなくなってきたのが現状なのである。

ここで、何が「伝統」なのか「文化」なのかということを顧みなくてはならないであろう。三味線に限ってみれば、楽器そのものは五〇〇年にわたる歴史があり、それが普及するに至った歌舞伎や浄瑠璃などは数百年の歴史を持つ。歌舞伎や人形浄瑠璃が世界無形文化遺産に登録されていることも鑑みれば、こうした楽器や舞台芸能における技術とパフォーマンスは日本が誇る「伝統文化」といってよいかもしれない。しかしながら、そうしたパフォーマンスで使用されてきた楽器を含めた様々な道具の素材は、時代とともに変遷してきたことも事実だ。三味線の撥の素材も木から象牙へと変わってきた。三味線の弦もいまや化学繊維が普及し、革も犬猫に代わる素材が開発されつつある。新しい時代に対応するように、素材そのものは「伝統・文化」とはいえない側面があるということを認識する必要がある。

野生ゾウの保護と象牙利用のどちらを優先させるか。いま早急な再検討が迫られている。残された時間は少ない。絶滅に瀕しているマルミミゾウの象牙利用に関わる日本人にとっては、「ハード材」である象牙に代わる新素材の開発が急務であろう。マルミミゾウの象牙の特質である「弾力性のある硬さ」や、「吸湿性」、「艶」といった特性に見合う新素材の研究は、和楽器演奏者、楽器商、伝統芸能研究者、邦楽メディア関係者、野生生物保全家、そして材料科学研究者や企業といった、分野の垣根を越えた議論と対話をもとにいま進められている。現在の日本の技術ではその開発が可能であり、マルミミゾウという地球上の自然遺産と日本の伝統和楽器による演奏という人類の文化遺産の両立が実現できる日も遠くはないだろうことを祈ってやまない。

## 野生生物は「資源」か〜「経済」が「文化」という言葉ですり替えられる

人間が利用する自然界のものには、酸素や水、土壌などのような無機物のほか、石油や石炭、鉄などに代表される鉱物も含まれる。これらは「資源」と呼ばれることが多い。人間が利用するだけの対象だからだ。生物が利用の対象になることもごく普通なことである。すでに「ブッシュミート」として述べた野生動物だけでなく、樹木、魚、果物、キノコ……それらはすべて生物である。ゾウの身体の一部である象牙もそうである。問題の一つは、そうした生物をあくまで経済的価値のある「資源」としてしかみなさない傾向があることだ。

生物界には生物同士の複雑なネットワークがあり、そうした「生態系」があってこそバランスがとれ、あらゆる生物がお互いに依存することで生存できる。生物である人間も、どんなに科学技術を発達させても、生態系の複雑な深淵部の理解には到達し得ないであろう。だから利用の対象である「資源」として、使い尽くすまで使うという発想はあってはならない。なぜなら自然界の生き物のバランスを崩してしまえば、生態系のメカニズムが崩れ、人間の生存も永続し得ないと予想されるからだ。これが「鉱物資源」と異なるゆえんである。

問題は、必要な分だけ野生生物由来の素材を採取・利用して何かを作っていた過去の時代のことではなく、過剰な需要が生じ、結果的に大きな経済効果を生み出すようになった対象があることだ。それもある程度の年月を経れば、「文化」と称せられることがあるが、その背後にある実態はビジネスとしての儲けであり、「文化」という言葉にオブラートされても「利用としての経済的価値」が優先され、元来生物が自然界の中で持つべき生態系を担う生物としての特性は無視されていく。残念ながら、日本における象牙利用も「経済優先」であり、それが「文化」という言葉にすり替えられているように思われる。

## ガボンでのザトウクジラをめぐって

海洋生物の利用で、日本との関連でいえばクジラ問題がある。その火種はガボンにもあったのだ。ガボンでは、毎年六月から九月くらいにかけてザトウクジラが南洋から遊泳してくる。繁殖の時期なのである。

二〇〇二年のことである。ガボンの日刊紙“L'UNION”に「日本が中国の技術を利用して、ガボン沖のザトウクジラを年間二〇〇頭捕獲する提案をガボン政府が許可した」という内容を含む記事が掲載された。記事はトップ一面に載っており、スキャンダルのスッパ抜きであったといえる。関係者に尋ねながらその記事の真偽の程を確認しようとはしたが確たる情報は得られなかった。

しかしそれを傍証的に窺わせる事実がいくつか浮かび上がった。当時ＪＩＣＡによりガボンのいくつかの港町や河川沿いの町で、漁業センターの建築が始まっていたのである。設立趣旨は、これまでの地元の魚市場は狭い上に衛生面に問題があるだけでなく新鮮魚を保存する設備もなかったため、大型冷凍庫を完備した大きなスペースの清潔な魚市場を新たに設立し、ガボンの魚資源供給の場にすることで社会貢献するというものであった。

建築中のその魚市場の一つを訪ねた。現地作業員の一人に聞いたところ、「いや、これは当面は魚市場だけど、いずれはクジラを捕獲した後の解体場所となるんだ」と証言した。捕鯨基地設

勢いよく海面上を跳ぶザトウクジラ
©Tim Collins

立の一環だというのだ。これは、"L'UNION"の記事と何らかの関連がありそうである。その後、ガボンの水産関係筋から日本政府とガボン政府との間で数百ページに及ぶ漁業協定が結ばれ、その中に捕鯨に関する記載もあったという情報が得られた。その文書を直接手に取って見ることは叶わなかったが、JICA事業は日本政府の「国益」推進のための手段に使われることをよく話に聞いていたため、あるいは「漁業センター設立プロジェクト」の見返りとして、ザトウクジラ捕獲を狙っていたのかもしれない。

奇しくも同年の四月から五月にかけて山口県でIWC（International Whale Committee）国際捕鯨委員会が開かれることになっていた。日本側の主張は、調査捕鯨でかつて隆盛を極めた商業捕鯨を目指すというものであった。ぼくは帰国の途に就く飛行機の中で、ガボンの知り合いであった政府関係者と偶然近くの席になった。「日本政府に招待されIWCに参加するんだ」という。東京での宿泊先を聞くと「帝国ホテルの部屋がすでに用意されている」と彼は語った。IWCにガボンの要人を招き、捕鯨決議で日本側の主張に投票させる意図でもあるのだろうか。数あるホテルの中で、帝国ホテルのような高級ホテルに宿泊してもらう理由はいったい何なのであろうか。

日本に戻ったぼくは、JICA本部を訪れ、進行中のガボンでの「漁業センター設立プロジェクト」の予算書と会計報告書を探した。見当たらなかったので係員に尋ねたところ、「それはここにはないんですよ」と教えられた。開示請求で資料を求めたが、得られた資料は黒のマジックで多くの数字が消された表だけであった。現地で建築中の漁業センターを見たとき、その大きさや資材そして建築にかかる現地の輸送代や労働代をおおまかに概算してみたが、どんなに多く見積もっても数億円にはいかないだろうと見積もった。ところが建築中の現地スタッフの話では一〇億円を超えている事業であるという。そうすると残りの六〜七億円はいったいどのように使われていたのであろう。

クジラ捕獲の取引を成立させるために、ガボン政府への献金もあったのではないかと懐疑的になってしまうのは自然の流れであった。ぼくの知り合いであるガボンの政府関係者が山口でのＩＷＣに招待され、しかもその会議を前に東京の帝国ホテルに宿泊させるお金はいったいどこから出たのであろうかという疑問とも重なる。

その後、ガボンのあちこちの港町に、ＪＩＣＡによって漁業センターが建設された。そのうちの一つは魚市場としてほとんど利用されていなかった。魚類の売り手たちが、不衛生ではあるが昔の古い市場に戻っていくのを目にした。理由は簡単である。ＪＩＣＡが誘致した大型冷凍庫はＪＩＣＡ職員が去った後、壊れて役に立たなくなり、その漁業センターの魚市場を利用するにはセンターの維持費として高価な場所代を支払わなければならず、それらは従来の売り手にとっては何の得にもならないのだった。日本国民の税金によって作られたガボンの漁業センターの顚末であった。大金を使っての何のための建築であったのか。

そんなある日、ガボンの日本大使館から連絡があった。日本から専門家が来ており、長年ガボンの野生生物保全に携わっているぼくに会いたがっているという。マルミミゾウの生息状況を詳しく知りたいという話であった。首都に出る所用があったので、大使館の方の仲介でホテルのロビーでその専門家に会う機会を得た。

相手はややご高齢の三人で、名刺を見るといずれも海洋関係の教授ないし専門家であった。なぜ海洋の専門家がマルミミゾウのことを聞きたがっているのだろうといぶかしげに思いながら話を聞くと、「われわれは将来の象牙取引の可能性についてガボン政府と話しに来たのです。そこで大使館からガボンのマルミミゾウのことに詳しい西原さんを紹介され、お呼びしたんです」と言う。「現時点ではマルミミゾウの確実な生息数データは手元にないが、象牙目的のマルミミゾウの密猟は日常的に起こっており、象牙の密輸も頻繁に起こっている。ガボン国内の密猟対策や密輸を防止する体制が十全にできていない現段階で、ガボンの象牙の取引を始めるべきではないと考える」とぼくは説明した。先方はそれ以上、特にぼくに何かを尋ねることなく、会合はそれで終わった。

なぜ海洋の専門家がマルミミゾウの象牙取引の件に関わっているのか、結局不明のままであった。彼らは二〇〇二年以来引きずっていたかもしれないガボン沖でのクジラ捕獲の件で、ガボン政府に再交渉に来たのではないかと思ってしまうのは、ぼくだけなのだろうか。不可解なことが多い。

## 鯨食は日本の伝統文化なのか

クジラに関する議論は、長年にわたり賛成派も反対派も幾多もの議論がなされてきたので、ここでは深入りしたくないが、ぼくの率直な疑問は四つだけである。

一つは、なぜ日本の鯨類頭数調査で捕殺による手法を継続するのかという点である。捕殺により身体の一部を精細に見ることで年齢推定が可能である、また解体することで胃の内容物からクジラの食性を明らかにすることができるという。しかし調査方法は進展しており、IWC科学委員会で他国の研究者が述べているように、捕殺なしでの頭数調査はいまや可能なのである。捕殺後の鯨肉供給を前提にした調査ということであろうか。いまの時代、それに見合うほどの鯨肉需要があるとは全く思えないのに、なぜ捕殺を継続するのだろうか。

二つ目は、水産庁をはじめとする日本政府が「鯨肉食は我が国の伝統文化だ」と主張し続けている点である。これは理解に堪えない。日本のごく限られた地域での生業捕鯨として伝統的なクジラ猟の歴史はある。しかしこれは「日本全体」における「伝統」あるいは「文化」ではない。戦後の食糧危機の中で、タンパク源補給のために大々的に始まったのであり、長い歴史を持つものではない。ましてや南氷洋などに捕鯨船を送り出し、大量のクジラを捕獲し始めたのは高度成長期以降であり、たかだか数十年前のことである。ぼくが二〇歳くらいまでは、レストランなどで「竜田揚げ定食」があるのは珍しいものではなかったが、いまではほとんど見られない。

こうした政府の主張は、まるで捕鯨と鯨肉需要が国民の総意であるかのような印象を与える。しかし歴史的事実を鑑みた上で、それに納得する国民はいったいどれほどいるのであろうか。捕鯨は「国策」と政府は強調し続けるが、ごく一部の日本人を除けば国民の意見を代弁しているとはとても思えない。南氷洋などへの調査捕鯨は一度につき二〇億円以上の経費がかかる。これを税金から使うこと自体、国民の同意を得ているとも考えられない。

日本の商業捕鯨と鯨肉食はイヌイットなど先住民族にみられる「生業捕鯨」とは明らかに異なる。先住民族はそれこそ民族の長い歴史の中で、生存に必要だから必要な分だけ捕鯨してきたのである。こうした点は鯨類の保全とのバランスの中でＩＷＣでも考慮されている。しかし家畜タンパク源の豊かないまの時代の日本で、捕鯨が「日本民族の生存のために不可欠である」ということを認めるのは、はなはだ馬鹿げていることである。日本政府は「伝統」や「文化」という言葉を巧みに操り、「生業捕鯨」でなく「商業捕鯨」であるにもかかわらず、あたかも捕鯨と鯨肉食がそうした先住民族と同様、日本の古来からの伝統文化であると国民を錯覚させているようにもみえる。

第三に、「クジラが増えすぎているから人間の食資源としての魚類が減少している」という理由で日本政府は捕鯨を推奨する点である。クジラを間引くことが魚資源の確保に役立つのだから、捕鯨は正当化されるべきだという主張だ。しかし海洋生態系のメカニズムはまだそれほど解明されておらず、ある種が増えたから別の種が減るというような簡単な構図ではない。多種多様な海洋生物の複雑な生態系ネットワークの中でクジラも生存しているのだから、こうした視点を抜きにした議論はありえない。人類よりも長い進化の歴史を持つ鯨類は、これまで海洋生態系のバランスの中で「間引き」などなしに生存してきたのだ。この事実を無視してはいけない。違法トロール漁船による海洋資源の捕獲こそが魚類の著しい減少に関わっている可能性もあるため、その分析や検討も必要になってくる。その査定もなしにすべての責任をクジラに負わせるのは妥当ではない。

頑なで論理的な根拠の薄いこうした日本政府の主張は、欧米への反発も潜んでいるのであろう。日本はクジラだけでなく海洋資源の食利用については長い歴史を持っているのだから、他国の人間にとやかく言われる筋合いはないというのである。欧米もかつては鯨油目的で大々的に捕鯨をやってきたではないか、なぜそうした彼らがいま、日本を非難するのかと日本のプライドを維持しようとする。生物の保全という概念など欧米由来であり、我が国には我が国なりの自然観があると水産関係者から聞いたことがある。

しかしここで指摘すべきは、日本は海洋生物を食資源としかみなしていないこと、海洋生態系の中の一つの生物であるという視点が完全に抜けているという点である。過去の他国によるむやみな捕鯨も決して忘れてはいけないが、現時点でクジラの保全をどうするか、それをＩＷＣなど国際的な場で検討し、決定していこうという国際的コンセンサスのあり方も無視してはいけないのである。

世界で最大のマグロ消費国といわれるほど、日本は海産物に依存してきた国民である。だからこそクジラの間引き問題にとらわれるのではなく、その永続的利用を目指した方途がこれから求められる。ＭＳＣ（Marine Stewardship Council）などの認証制度やその認証を受けた生産物・消費への移行はその一例である。残念ながら、そうした認証制度に対する認識はまだ国内では極めて低く、その商品の流通や消費も稀である。

また鯨肉は牛肉などほかのタンパク源に比べ栄養的なバランスがよいと強調される一方、鯨肉に含まれる水銀など有害物質についても考慮されなければならない。一時期そのことに関する議論が盛んであったが、さらに科学的事実に基づき、鯨肉の食の安全性について検討されなければならないであろう。仮に鯨肉を学校給食に取り入れることが本当に必要不可欠であるという国民全体の合意ができたにしても、この食の安全性の問題の検証を回避してはいけない。

最後に第四として、なぜ今日まで「捕鯨推進派」と「鯨類愛護派」との対立が継続しているのかという点である。しかも特に「愛護派」の方から先鋒を切った感情的対立にまで至り、まっとうな議論の支障となっているように見受けられる。「クジラはかわいい」「クジラは賢いから捕ってはいけない」「クジラを殺すのは残忍だ」などに始まる愛護側の主張は、科学的なあるいは生態学的な根拠に基づいたクジラの保全への解決には繋がっていない。個人的感情の前に、まずは科学的調査に基づき生息頭数の精査をする必要があるだけでなく、海洋生態系の中におけるクジラの生物としての生存・あり方をも検討しなくてはいけない。クジラは人類よりもはるか以前から存在し進化してきた生物である。人類の個人的な感情で保全を議論するような対象ではない。

メディアは捕鯨船に体当たりする過激な「反捕鯨運動」を取り上げ、逆にそれは日本の捕鯨船団の安全にとって脅威だとの話にすり替え、反捕鯨派への感情をさらに煽り立てている。強引な手法による捕鯨阻止活動は何ら解決策を生んでいないのだ。むしろ「捕鯨推進派」と「鯨類愛護派」との対立を助長しただけのようにもみえる。

また、先住民族の生業捕鯨について考慮しなくてはいけない。「愛護派」はそうした生存のための捕鯨に携わる先住民族も野蛮で残酷な人間だと評するのであろうか。こうした先住民に関する課題は、捕鯨派・反捕鯨派を越えたところでの感情論を抜きにした議論が必要なのである。

二〇一一年の東日本大震災時に、世界の各国から救済と復興のための義援金が送られてきたことは記憶に新しい。その使途について関係各省庁の間で紛糾があったことも覚えている。ぼくが長年関わってきたコンゴ共和国からも日本円で五〇〇〇万円ほどの出資があったと聞く。現地の貨幣価値から換算すると、これは実質的に二億円以上の価値があると考えられる。国家経済が豊かでない国であることを考えると、コンゴ共和国からの義援金は相当の金額であったと察する。

それだけあの災害は甚大なものであったとコンゴ共和国政府にも映ったのであろう。そうした多くの義援金の中、約二〇億円が遠洋捕鯨船修繕のための費用に充てられたという報道があったことを思い出す。「被災地へのタンパク源供給のために、捕鯨による鯨肉が必要だから」というのがその理由であったらしい。しかし、修繕された捕鯨船で長期間かけてはるばる南氷洋まで出かけ捕鯨をする意義が、被災地救済とどう繋がるのか理解に苦しむ。それだけの予算を使うのなら、もっと効率的に安価な手法で、しかも迅速に他のタンパク源の供給ができるであろうと考えるのは決して難しくない。

義援金の一部が捕鯨船修繕に使用されたなどコンゴ共和国政府には恥ずかしくてとても報告ができない。どうみても理不尽な使途だからである。否、日本政府が捕鯨継続の主張をするのは、衰退していく捕鯨船とその技術を維持していくためらしい。維持するには継続的使用が不可欠であり、その背景には、捕鯨と鯨食は「日本の伝統文化」であり、国民の声を反映させた「国益」であるとする根拠のない政府の言い分があるのだ。

日本全国ではないにしても、特定の地域では長い歴史の中で沿岸捕鯨を行ってきた。これは否定すべきものではない。もし、いまでもそれぞれの地元でイルカ肉を含めた鯨肉への需要があり、対象鯨類種の生息数に問題がないのであれば、従来の伝統的捕鯨方法で年間決まった頭数を捕獲すればいい。遠洋に大船団を組んで赴くわけでもないので、経費もかさまないはずである。現代のグローバルな社会において、南氷洋で行っている捕鯨を日本から遠い海でのお話と片付けてはいけないのである。

## イルカの捕殺と水族館でのイルカ・ショー

ある年配の方が言うには、最近スーパーでは「クジラ」と称してイルカ肉が売られているらしい。この人は海産物の卸売関係の仕事でその流通に詳しい。ＩＷＣなどの規制でクジラ肉が入手しにくくなった状況で、その流通を何とか維持させたいという思いから、イルカ肉の表示を偽装してまで「クジラの肉」を販売したいという裏があったのかもしれない。一方、この事実はイルカ肉も流通しているということを示唆している。イルカ猟とイルカ肉の需要と消費も、捕鯨と鯨肉のそれと同様、国内の地域によっては長い歴史を持つ場所がある。しかしそれをもって「日本全体」の「伝統文化」と称することはできない。クジラの場合と同じである。

ＩＷＣの合意のもと、先住民あるいは特定の地域の沿岸におけるイルカ猟の継続は不可能ではない。しかしこれもクジラと同様、イルカの捕獲と殺傷方法が残忍だということで、近年、愛護団体からの情動的なバッシングが激しくなってきた。「賢く、かわいいイルカを、血だらけにして殺すとは許しがたい」という理屈である。

そうした影響で、一部地域では従来の伝統的猟法によるイルカ猟が困難になり、昨今では殺傷しないイルカの生存捕獲が広まっていると聞く。イルカ猟とイルカ肉の売買による生計が成り立たなくなったいま、イルカを生きたまま捕獲し、食肉利用以外の売買で補完しようというわけだ。

捕獲されたイルカの行き先は水族館であると水族館関係者から聞いた。日本国内だけでなくアジア各地の水族館で高い需要がある。一頭一〇〇万円前後で取引されるという。周知の通り、水族館の多くで「イルカ・ショー」が催されている。このショーは水族館のアトラクションで最も人気のあるものの一つで、水族館の大きな収入源なのである。

知能の高いイルカは飼育員に訓練された芸を巧みに演じることができる。そのショーを見る観客は感嘆し楽しむ。しかしほとんどの来館者はその背後にある事実を知らない。イルカは賢い生き物である。それゆえに人間と同じくストレスを持ちやすい動物である。ショーの訓練を受け、そのショーに関わるイルカはあたかも「楽しんでいる」かのように見えるが、そのストレスの高さは容易に想像できる。さらに日本の水族館の多くはイルカを飼育するプールのスペースが狭い。これがまたイルカへのストレスを高める原因になっているのは間違いないであろう。

ある水族館の情報では、こうした状況下でイルカの個体は一〜二年で死んでしまうという。ましてや狭いプールでの飼育では人工繁殖も進んでいないところが大多数である。そのためこの「イルカ・ショー」という「ドル箱」事業を継続するには、新たにイルカを「仕入れる」しかない。したがって野生のイルカへの需要が高まるのである。「イルカ・ショー」が広く蔓延しているいま、ここに昨今のイルカ生存捕獲の高まりの理由がみられる。

こうした事情の中、世界動物園水族館協会は日本動物園水族館協会に対し、イルカ・ショーの廃止を推奨した。しかし日本の水族館の一部がこの意見に対して反対に回った。最終的にいくつかの水族館は日本動物園水族館協会を脱退する事態にまでなった。

ここでカバの話に戻りたい。ある動物園では、「行動展示」という名のもと、大きな水槽の中で飼育しているカバを、その水面下からも見えるように工夫した。これにより、確かにカバがどのように水の中で浮遊し泳いでいるかを観察できるようになった点で、画期的な展示方法であるといえる。

ぼくのそばで、偶然その展示を見ていたある子どもが、「お母さん、あの白いもの、何?」と母親に問いかけていいた。明らかにカバは下痢を垂れ流していたのである。カバを下方から見ているがゆえにそれは露骨に見えた。考えてみるに、野生のカバが何か他の生物に下からじっくりと見つめられることなどない。ただでさえ神経質なカバが、そうした事態で下痢便を頻発しているのは当然なことかもしれない。過度なストレスに陥っている可能性もある。

ここで行き着くのは、動物園・水族館での動物の展示やショーはいったい何なのかという問題である。動物へのストレスを単に増長しているだけではないのであろうか。ここでも動物は人間にとっての「経済資源」に成り果てているようである。

## 野生のヨウムを「お迎えする」

アフリカ熱帯林地域に生息する野生のヨウムも人間に利用されてきた。

インコの仲間であるヨウムは、スマホのカバーを咬み続けていた。一心不乱であった。騒ぎもせず、頭とくちばしを器用に動かし、カバーの端から端へと。三〇分の間に、ついにそれは使い物にならないくらいになった。小さなケージに入っていた他のヨウムもそれを見て興味津々。狭い空間に押しとどめられた彼らには、ストレス発散の対象がない。日本のある「鳥カフェ」でのひとときであった。

鳥カフェでスマホのカバーをかじるヨウム

「鳥カフェ」には、きっと鳥マニアが集まるのだろう。三メートル四方の空間にいる数十羽のインコやオウム、そしてヨウムに囲まれて、どのお客さんも満足そうな顔をしている。主翼を除去されたそれらの鳥は、自由に飛ぶことはできず、人の肩や頭の上に乗って遊ぶ。カフェの店員も「ヨウムは人気があり、一羽二五万円で売れていきます。ヨウムはフィリピンなどのブリーダーから入荷されてきます」と説明する。

国際自然保護連合（IUCN; International Union for Conservation of Nature and Natural Resources）のレッドリストに登録されているほど生存の危機に瀕しているにもかかわらず、二〇一一年からコンゴ共和国北部では約三千羽の野生ヨウムの違法捕獲が検挙されてきた。密猟者の格好の対象となり続けているのは、国境を接するコンゴ民主共和国とカメルーンが、ワシントン条約下で附属書Ⅱに属し、一定数の捕獲輸出を許可（それぞれ年間五〇〇〇羽、三〇〇〇羽）されていたためである。その結果、ヨウムが比較的多いとされるコンゴ共和国に密猟者が違法で入り込み、捕獲を継続していたという経緯があった。当のコンゴ民主共和国とカメルーンではヨウムの生息数は多くないからだ。

ヨウムは、世界各地でペットとして高い人気がある。かわいらしい風貌の上に、人間の言葉を真似るのが上手であるなどが理由だ。その知能は人間の四～五歳の幼児並みであるらしい。しかし獣医の報告によると、ヨウムの人工繁殖の成功例は多くないという。このことはペットとして飼われているヨウムのほとんどが野生種であることを示唆している。この点、通常のペットとして売買が可能になっている他のオウムやインコとは大いに異なる。

コンゴ共和国。夜明けの時間帯、熱帯林の頭上、空高くグループで移動するヨウム。その声は高らかに、まさに「よーし、きょうも一日が始まった。みんなで出かけよう」と声を出し合い、集団から若干遅れた数羽のヨウムは、「待ってくれ〜」とばかりに声を張り上げて前方のヨウムを追っていく。夕暮れ時になれば、樹冠のはるか上を飛ぶヨウムの同じような光景を見ることができる。

コンゴ共和国のある基地で唸り声のような音が聞こえてくる。パトロール隊の尽力で密猟者から押収されたヨウムの声である。一メートル立方もないような狭い檻に閉じ込められた数百羽が、まさに「ウー、もうイヤだー」と唸り声を発しているような感じである。先日まで空高く舞い上がって飛行していた陽気なヨウムたちの声とは雲泥の差だ。

コンゴ共和国北部の事例では、密猟者から保護されたヨウムは、主翼を切断され寸分もの移動を許されない空間に数百羽も押し込められるため、その致死率は高く六〇％以上は数日以内に死んでしまう。極度のストレスと寄生虫などによる感染症のためである。獣医がその後に医療チェックや抗生物質の投与、主翼復活のための手立てを施しても、生き残った半分はやがて

密猟者により狭いカゴに閉じ込められた野生ヨウム

死亡する。主翼の戻る六カ月後に、何とか野生復帰できるのはごくわずかでしかない。仮に合法的にヨウムがそのまま海外に輸出されたにしても、長時間の輸送中にほとんど死に絶えるだろう。何とか目的地に辿り着いた数少ないヨウムの背景には、幾羽にも上る野生ヨウムの死があるのだ。

ワシントン条約の資料によると、年間四〇〇〜五〇〇〇羽超の生きたヨウムが日本に輸入されている。ヨウムは、ペットとして飼うことを「お迎えする」と表現されるくらいマニアに重宝されている。ペットショップでヨウムは「フィリピン産」と表示されているように、ほとんどの客はヨウムがアフリカの熱帯林に生息している野生種由来であることを知らない。さらにいえば、通常、ヨウムは集団で生活しているため、一羽にされてペットとして飼われるのは尋常な状態ではなく、ヨウムに強いストレスを与える要因になっているとは露とも知らない。こうした点で、日本人も野生ヨウムの絶滅に拍車をかけている可能性があり、その責任は重い。

二〇一六年のワシントン条約締約国会議では、ペット需要のために急激にその数を減らしている野生ヨウムの輸出入を一切禁止する提案が提出され、それが圧倒的多数で可決された。ヨウムはワシントン条約附属書Ⅰに掲載されたことになる。従来のように附属書Ⅱの限定条件付きで輸出入が制限されても、その管理が不徹底だったという経緯があっただけでなく、ヨウム一羽確保の背景には、その二〇倍にものぼるヨウムが犠牲となっていることがこれまでのデータで明らかになったからである。

決議に異を唱えた国もあった。たとえばヨウムの人工繁殖を試みてきた南アフリカである。彼らによると人工繁殖の成功には野生種が必要だという。ヨウムは、犬や猫のように長い年月にわたって歴史的に人工繁殖が確立されてきたペット種ではないのである。しかし、ヨウムの輸出入管理が不十分である現状では、さらなる輸出入を回避すべきなのは明らかである。

問題はこれからである。附属書Iに格上げされたことで、コンゴ共和国などアフリカ現地でのヨウムの違法捕獲や輸出に対しての検挙は容易になった。だからといって違法行為がすぐに終息するわけではない。むしろ捕獲や輸出が困難になったがゆえ、ヨウムの希少価値が上がり、違法捕獲と密輸がさらに助長される懸念もある。実際にコンゴ共和国では昨今、短期間に連続してヨウムへの大規模な違法行為が検挙されている。現地の末端価格が数カ月前より四〜五倍に高騰していた（一羽約二千円から約一万円へ）のも、その理由の一つであろう。需要のあるものに対する希少価値の反映といえる。

こうした事態を避けるために、ヨウム生息国での違法行為に対する監視体制の強化を図ることは言うまでもない。しかし、それ以上に大事なことは、ワシントン条約決議で野生ヨウムの国際取引が一切禁止となったいま、ヨウムの需要があり、その売買が実施されている国々における各国内でのヨウムの厳格な管理システムを構築することである。日本の場合も、国外から日本国内への新たな野生ヨウムの移入は完全な違法行為となるのは当然であるが、現時点で国内に存在するヨウム個体の管理（たとえば、一羽ずつの個体識別に基づいた登録制度によるすべてのヨウムのリスト作成と、売買や譲渡など国内取引における新たな管理システムなど）が必要不可欠となってくる。これは、新たに移入される違法ヨウムとの混在を回避するための方途である。

# 10　教育とメディアの課題

## 希望の灯としての日本の動物園の現実

ぼくはもともと動物好きでも何でもなかった。子どもの頃、動物園に行ったことはあるが、そこで動物を見て興奮したなどといった記憶はない。長い年月が経って動物園にいま関心があるのは、「生きた動物」を保持する、いわば博物館であり、野生生物に関する保全教育を実践していくのに最もふさわしい教育機関の一つになり得るとの希望からである。来園者の多くは、程度の差はあれ動物に何らかの関心を持っているので、教育普及の対象者として最適な人たちが自然と集まってくる場といってもよい。

野生生物の世界の驚異や現実・危機を理解するには、その野生の現場に赴くことが一番確実な方法であるにちがいない。しかし大多数の人はそのような機会を持つことはできない。映像や書籍で知ることはできても実体験は困難だ。そんな中、動物園ではまさに「生きている」動物たちを間近に見ながら動物に親しみを持ち、その上で動物の保全やその重要性を理解できる。さらにその生息地に関する情報も取り込めば、実践的な保全教育が可能になるはずである。動物園は、飼育されている生物を通して、来園者が野生生物の世界に接するための窓口となるような重要な役割を持ち得る。

動物園は元来、見世物レベルにせよ、学術的探究にせよ、人間の好奇心を満たす場所であった。来園者も通常は見ることのできない動物を見ることができるレクリエーション的な場所として動物園を利用してきた。ところが近年の環境問題や野生生物の危機などを背景に、動物園の存在意義があらためて問われるようになり、一九八〇年のＩＵＣＮにより設定された世界環境保全戦略では、動物園の役割として〝環境教育〟と〝種の保存〟が謳われてきた。日本動物園水族館協会も世界動物園水族館協会の基本方針に則り、動物園と水族館は、①レクリエーションの場、②生物の研究の場、③生物の繁殖の場（種の保存）、④教育の場という四つの方針を掲げている。

土日や休日に家族連れなどが憩う動物園や水族館が、動物などを見ることで日常から解放される「癒やし」を求めるだけでなく、「レクリエーションの場」となるのは自然なことであろう。また、主に園館スタッフにより、飼育下ではあるが園館に既存している生物の「研究」をすることは可能だ。しかし十全な「教育の場」となっているかどうかはまだ確信できない。どうも昨今の日本の動物園は、その本来の目的に真摯に向かっているようには思えないのである。

一つに、野生生物の保全に貢献するような十分な財政が組まれていないという実状がある。そのため現実的には動物の飼育でほぼ手一杯であり、専属のフルタイムの教育者が活躍できるような場になっていない。場合によっては珍獣・奇獣を入手し、それを展示することで、あるいはショーなどのエンターテインメントを重視することで入場者の数を増やし、利潤を優先するといった旧態依然の体制が色濃く残っているのは否定できない。

また日本の動物園、特に公的動物園の場合、管理職の役職についている人は行政官出身であることが多く、必ずしも野生生物やその生息地について理解のある人ではない。基本は「公園管理事業」であり、多くは土木事業の一環で園館が管理されているのである。通常の「公園」とは異なり「生きた」生物を扱っているために多大な費用がかかるという事情から、それを補完するためにも入場者の数を増やす方針が重視され、結果的に教育よりはアトラクションが先行する。

アトラクションはあげれば切りがない。水族館のドル箱であるイルカのショーや言葉を真似るオウムのショーなどがある。また「行動展示」と称して、あたかも野生の動きを見せるようなタイプもあるが、実はそれが逆に動物にとってのストレスになっているという事例もある（一九八頁参照）。さらに「夜の動物園・水族館」という催しもある。夜行性生物であるのなら展示手法を工夫すれば夜の展示も不可能ではないが、昼行性生物はすでに寝に入る時間帯であるのに、余計な光や園館のざわめきの中で動物は睡眠を妨害される。しかし園館側は生物の立場に立たず、「これまで人気のあった催しだから今後も継続する」という利潤優先の考えで旧態依然のままイベントを強行する。

るからだ。

## 動物園での動物の繁殖の意義

前述の四つの方針の三つ目にあたる「繁殖」は、園館にとって重要な使命の一つではある。しかし繁殖させる意義を本当に理解している園館スタッフはどれほどいるのであろうか。というのも、動物園における繁殖の目的も問わないまま、まるで「繁殖第一主義」のような傾向がみられるからだ。

ある大型動物を一頭しか保持していない動物園で、繁殖目的のため別の動物園からつがいの候補になる個体を連れてきた。しかしこの新規に移入された個体は間もなく死んでしまった。健康上で問題があったからである。個体を移送する前に、送り出し側の園と受け入れ側の園にはこの生き物への十分な配慮があったのであろうか。移送すること自体、動物にとってはすでに負荷でありストレスの原因でもあるはずだ。それだけのリスクを背負っているのに「ペアを作って繁殖させる」ことのみが先行した結果であるように思われる。繁殖させて新生児を作り、その「名前を募集」するというイベントも行い、メディアの関心も引き、果ては「かわいい」新生児を目玉にして多くの来園者を得たいからなのであろうかと思ってしまう。

別の動物の新生児が生まれたある動物園の話では、妊娠後のメスの扱い方、出産前に注意すべきこと、出産後のケアなど、複数いる職員の間で情報が共有されず、十分な知識や技能もないまま妊娠と出産が進行したと聞く。こうした動物園にはいったいプロの獣医がいるのであろうかと勘ぐってしまう。出産経験のある他園などからの十全なノウハウが事前に揃っていないところからみると、やはり園として単なる繁殖を優先させているという印象を拭えない。

繁殖は、「種の保存」という動物園の大きな目的の一つに合致しているかもしれない。たとえばゴリラである。ワシントン条約の取り決めにより、ゴリラなど絶滅の危機にある動物の輸出入は全面禁止となった。そのため、ただ見せるだけの動物園から「見せて増やす」動物園へと変わっていく必要があると考えられている。〝飼育下繁殖〟あるいは〝ズーストック計画〟といわれたものだ。動物園での種の保存と生物の展示を通して、保全教育の重要な役割を担えるというのがその理由である。

しかし日本の動物園で試みられてきたゴリラのズーストック計画には、現実的な飼育技術や飼育条件の改善を待ってからでも遅くなかったのではないかと思われる節があった。下手をすれば、ゴリラ本位でない繁殖計画にもなりかねない様相であった。繁殖を目的とした動物園から動物園へのゴリラの頻繁な移動、全く見知らぬゴリラ同士の一方的な対面は、ナイーブなゴリラにとって多大なストレスを与えているにちがいないことは、長年、野生のゴリラの研究をしてきた者からの揺るぎない印象である。

「繁殖の場」あるいは「種の保存」とはいっても、繁殖させた後、野生に戻すことができる種は稀であることを認識しておく必要がある。鳥類のごくわずかな稀少種に関しては、飼育下で繁殖を目指し、野生に復帰させることはできる。これはその稀少種を地球上から消失させないという重要な意義を持つ。ただ、これは極めて例外的な事例であることを理解しなければならない。ゴリラの事例では、飼育下で繁殖したゴリラの群れを戻せるような植生を持つ野生の場所は、地球上にもはやない。仮にあるとしても、そこはすでに他の野生ゴリラの群れが複数存在し、その生態系の中で長大な年月を経て生態的・社会的バランスを取りながら生息している場所である。そこへ人間の勝手で新たなゴリラの群れを放すことはできない。

そういったことから、多くの事例では、園館内繁殖の意義は野生群への保全とは全く無関係だと気付く。だからこそ園館内での繁殖は何のために実施するのか、あらためて真摯に検討すべきである。「保全教育」に役立てたいのであれば、繁殖に関するプロの獣医を配置するだけでなく、繁殖個体を通じての保全教育を実施していくための人材や資金、教材など十全な準備を行わなければならない。動物園の動物とはいえ、相手は正真正銘の「生き物」なのであり、人間にとっての「経済的資源」でもなく「ペット」でもないのである。

## 保全教育への入口からいかに飛躍するか

動物園で教育活動が皆無というわけではない。飼育員による「ガイド」もあるが、多くは飼育されている動物園の飼育個体の紹介にとどまる。その生物種全体のことや野生での生息地のことなどが語られることは少ない。まるで動物園の動物はペットであるかのような紹介である。

一方、最近は「トークカフェ」のような場を作り、外部から呼んだ講師に話を依頼して、来園者がコーヒーを飲みながら気楽に学習するなどの取り組みもある。ウサギやヤギなどを対象に「動物に触れてみましょう」、それを通じて「生き物」を理解する出発点にしましょうという「触れ合い」イベントもある。昨今、野生動物に実際に出会う機会が稀になっただけでなく、特に哺乳動物は、ペットは例外としてもそれが「温かい」身体を持つ生き物であるということを身近に感じる機会が少なくなったからである。また、展示されている動物の身体特徴を学ぶ機会もある。この動物は指の数が何本であり、あるいは歯の数は何本であるので、あの動物の仲間ですよと教える。

こうした教育の機会は、生きた動物を理解する糸口であり、その背景にある野生生物あるいはその生息地の状況や保全を理解していくための大きな入口になる。だがその先が見えない。しかも重大な欠陥はこうしたイベントがあたかも「保全教育」あるいは「環境教育」であるかのように誤解している風潮があるという点である。これらは保全教育に繋がる可能性は持っているものの、保全教育とは直接の関係はない。むしろそれは「動物園の動物を理解するための教育」の段階にとどまっている。また、動物園での保全教育の方法やそのあり方について学べる機関もテキストも日本では見当たらない。来園者にとって魅力的な情報提供の場や手段を作っていく前提として、適切で正確な情報を収集していく努力も乏しいように思われる。

香港のオーシャン・パークの事例をあげたい。ここではイルカも飼育されており、ご多分にもれず「イルカショー」が演じられている。しかしそのイベントは通常の単純なエンタメとは違っていた。大勢の視聴者を前に、まず大型スクリーンで野生のイルカに関する内容の映像を流すのである。「イルカショー」の前にイルカの保全を説く。さらにオーシャン・パークでは大きなプールなどの施設を持ち、人工繁殖に関わる専門家もいる中、その「イルカショー」で芸を行うイルカは野生から取り込んだものではないことも紹介する。

同じオーシャン・パークでは稀少種を含むオウムなども飼育しており、十分に訓練を受けたオウムたちが「ショー」を演じる。ところがこれも単なるお楽しみのためのエンタメではなかった。そのショーの物語が、オウムなどの生息する自然環境がもはや失われつつあるという、まさに演者たちの生息域に関する保全のメッセージを含んだものであったのだ。ショーを見る来園者は、そこでショーを楽しみながら保全について学ぶことができる仕組みになっていた。

このように、エンタメと保全教育は工夫しだいで両立が可能なのである。日本の動物園や水族館は、こうした事例を学んでいかなければならない。

## 動物園は地球環境保全への見本になっているか

野生生物の保全を目指すために、大事なことの一つはその生息地保全である。そうでなければ「種の保全」もおぼつかない。地球上のあらゆる自然環境が破壊されているという地球規模の課題は、人々の日常生活に深く繋がっていることも、動物園の「保全教育者」であれば確認し、模範を示さなければならないであろう。身近なところでは、適切なゴミ処理、自家用車やエアコンといった、電気・エネルギーなどの必要最低限の利用、あるいは再生紙やFSC認証紙の使用などによって、環境負荷を逓減できるであろう。政府の方針云々の前に、各個人の毎日の生活における微々たる貢献があれば、その積み重ねで自然環境保全の方向を目指すことも不可能ではない。

教育というと「子ども向け」という固定観念があるが、こと保全に関しては大人も巻き込まなければならない。化石燃料や木材製品、象牙等動物の身体の一部、海産物など自然界由来のものを購買・利用・消費している主体は、ほかでもなく大人だからである。それが地球上の野生生物の生息環境を脅かしているのである。ところが多くの大人はそのことに気付いていない。だからこそこの分野の教育のターゲットは大人にも広げていかなければならない。そして大人が子どもたちに手本を見せるべきである。

園館における「エサ」の問題も忘れてはいけない。ある動物園のエサの状況を聞くと、昨今のエサとして使用する魚は小柄であるという。以前のような大きな魚は値段が高く、動物園の予算では購入できないらしい。これが意味するところは、乱獲により大型の魚が減って入手しづらくなったということだけでなく、小さな魚を動物園が購入し続けることは、本来なら大きな魚に成長する個体群とその海洋生態系に多大な影響を及ぼしていることを示唆している。

保全教育を目指すべき動物園が、自然環境の保全に負荷をかけているといった矛盾の中、いったい動物園・水族館は何を目指していくのだろう。エサやりが地球環境に影響を及ぼしているという事態も園館内で議論されないのであろうか。そこまでして、園館を維持し、飼育動物を繁殖させていく意義は果たしてどこにあるのだろうか。

また、日本は地震の多い国である。程度によっては動物園にも被害が及ぶ。地震の後、その動物を救済し、あるいは支援する動きがみられる。震災による影響が計り知れない中、動物園における震災対策は進んでいるのであろうか。地震後、「動物園の動物を救う」ことがまるで美談のように毎回語られるが、もし肉食獣が震災で外部へ逃げ出したらどうなるのか？　多くの場合、処置は「射殺」であろう。これは「動物園の動物を救う」ことと相反することではないのか。

## 自然保護に関わるNGOのあり方

真の「野生生物の保護」を考えていくには、野生生物だけでなく、それに関わる人間の諸活動についても目を向けていかなければならない。それが「野生生物保全」である。基礎的な科学調査も必要となってくる。信頼のおける情報をもとに、野生生物の利用に関わる諸問題だけでなく、行政のあり方や法制度、教育システムなどに対しても主張・提言・実践的活動をしていくのが本来の「保全活動」の姿であると考える。

日本の場合、こうした多角的な観点や国際的視野をも考慮に入れたNGOの存在が一般的でないために、「保護」に対して偏った通念がいまだに現存する。当人にとって大事なあるいはかわいらしい特定の動物を守りたい、野生動物を守ることが先決であって野生生物利用に関する各地域の事情やそれぞれの伝統文化を全く考慮に入れないといった感情的な人々の集まりである、という先入観である。それは「真の保全」を目指す人々にとって、逆に社会的な障壁ともなっている。

講演中の筆者 © 下妻賢司

　前述のように、テレビなどメディアを通じて報道される「保護活動」も、たとえば捕鯨船に体当たりするといったような過激な活動や組織に比重が置かれており、それも「保護団体」全体への固定観念を生み出す温床ともなっている。また日本では、「保護」をプロフェッショナルに、つまり職として仕事ができる基盤がなく、どうしても片手間作業であるという印象を一般に与えかねない。余暇を利用した「ボランティア活動」程度の評価しか生まれない土壌があるのも実情である。

　昨今しきりとアフリカゾウが絶滅に向かっているという言説が目立つ。しかしアフリカには草原地帯に生息するサバンナゾウと熱帯林地域に生息するマルミミゾウがいる上、地域により頭数の状況は異なってくる。まずは、「ゾウを守る側」も「象牙を利用する側」もそこを一緒くたにしてはいけない。そうした中「ゾウを守りたい」側の主張にも課題は多々見られる。多くはサバンナゾウについて論じられ、従来、日本の象牙関係者が関わってきたマルミミゾウの詳細は述べられない。そこで「日本人も象牙を使うのだから、消費者としての責任を持たなければならない」と単純に主張されても、実際その責任を感じる日本人がいったいどれだけいるのであろうかと疑念が生じる。説明不足のメッセージが一方向の主張にとどまってしまい、メッセージがメッセージとならないまま霧散し埋没してしまう。残念ながら日本の多くの保護NGOはそうした「自己満足的な」歴史を繰り返してきたことが多く、効果的なゾウの保全には役に立たず、過剰な象牙利用や野生ゾウの密猟の実状はほとんど変わっていないのが現実だ。

しかも確たる証拠も示さずに、「日本の象牙需要があるので、野生のゾウは密猟されている」という言動が多い。明確な根拠なしに象牙関係者・利用者全体がまるで敵視され罪人扱いされている風潮もある。象牙を利用してきた歴史への配慮は、そこに微塵も感じられない。さらには野生のゾウの魅力のみをしきりに語り、「こんなに素晴らしい動物なのだから、象牙を使わずに、ゾウを守りましょう」とたいてい締めくくられている。論理の飛躍が甚だしいだけでなく、「利用派」と「保護派」の溝を広げるばかりである。実際、歴史はそれを物語ってきた。

現在のグローバルな世界の中で、地球の財産である野生生物のあり方、生物多様性保全とはいったい何なのか、そして人類が築いてきた伝統や文化とは本当に何なのか。そうした自然と文化の両面をバランスを取りながら熟考し、その上で野生生物の利用をこれからどうしていくべきなのかということを、「利用側」も「保護派」も対立の垣根を取り払い、同じテーブルで議論しなければならない。

## 研究者のあり方と学校教育

野外で野生生物を研究している研究者こそ、実際にその生息地を訪れ、研究対象の生物やその環境、様々な現状についての実質的な知見を持っており、それらに関する情報提供の担い手であるはずである。そうした情報は一般の人々にもっと共有されるべきものである。しかしながら日本では多くの場合、その情報はアカデミックな業界にとどまっており、多くの一般市民が享受できるような体制にはなっていない。

研究者によっては自己本位的な態度がみられることもある。研究と名をうっているにもかかわらず、研究対象である野生生物だけでなく、野生生物利用をも含むその生息地全体の「保全」にまで関心を抱いて研究・調査を実践していく志向性を持った研究者が少ない。その地域に現金を落としていくということへの反省もない。極端なケースは、ぼくもかつてそうであったように、現地の人々に対してあまりにも傍若無人に振る舞う。

昨今、野外での研究・調査に十分意欲があり、体力・精神力共に耐えうる若手研究者があまり多く育っていないという話を聞く。文科省の通達により、大学教官も大学院生に対してより教育的・指導的にならざるを得ず、院生の方も野外の現場で自発的に何か研究を進めていくタイプにはならず、一層受け身の姿勢で研究を実施する傾向があることと関連しているのかもしれない。

ぼくが若い院生だった頃、研究室はとても〝おっかない〟ところだった。ただ活気はあり、皆それぞれ自由に研究はできた。そしてぼくは一人でアフリカに放り出された。基本的に誰も何も教えてくれない。先輩たちが問うてくることは研究の「動機」であり、大きな「目的」であった。何よりも重視したいのは個々の細かいデータではなくフィールドへの覇気と野心であり、現地での純粋な「生の」経験や印象であった。

確かにその通りだと思う。自分の地に着いていない浅薄な経験談しか言えないのなら、フィールドに行った価値などないと思う。日本にいる私はこうで、アフリカにいる私はこうなのよ、そうした分裂的な態度ではフィールドワークは成り立たない。フィールドには自分自身を一〇〇％持っていく場であり、それこそ全身で感じてきたこと、素直な自分が見て経験した「自己の反映」こそが意味を持つのである。ぼくはそんな中で鍛えられていった。

しかしぼくが院生として長老格になった頃の研究室の雰囲気は次第に変わっていった。教官もデータ重視で「早く論文を書け」とうるさい。若い大学院生も焦る。これでは大きく構えてじっくりフィールド体験などをする暇もない。学生の方も自分自身で考え、フィールドにて何かを発見していくという傾向が強く感じられなくなってきた。何を研究したいのかよくわからない。だから教官がテーマを与え、その結果ゼミや学会での発表もつまらなくなってしまう。グラフや表を作って研究をした気になっているだけなのである。

ぼくがかつて研究室の先輩に言われたように、若い大学院生に「いったいそれで君は何をやりたいのか」と質問をすると答えが返ってこない。さらに詰問を繰り返すと、しゅんとなってしまい、面と向かってくる者など一人もいない。場合によっては発表の場で泣いてしまう。ぼくはただ「怖い存在」とか「厳しい人」、「冷たい先輩」と評されるだけであった。

ある日、ゼミでぼくは発表中の院生に質問したのに、なんと教授が答えに窮した学生に代わって答弁してきたのである。教授に向かって机をバン！　と叩きながら「あなたに聞いているのではない」と強い口調でぼくは言ってみたものの、ゼミ全体の雰囲気はシラーとしたものであった。果てには「君は後輩にちょっと言い過ぎだ。いまの若い連中はすぐ意気消沈するから、もっと励ますような方向で言ってほしい」と逆に批判される。アホか！　大学院は幼稚園や小学校か。

問題は大学院だけではない。現在の日本の学校教育カリキュラムの中では、生態系の仕組みや野生生物の生態について学んでいく機会は非常に限られてきているようだ。文部科学省の方針で理科教育は遺伝子や分子などが中心となり、野生生物と人間との間に横たわる諸問題を重ね合わせた上で適切な「保全論」を学んでいく機会は皆無に等しい。理系と文系の差異化も依然として強く、お互いの垣根は高いままだ。「野生生物保全」に関わるにあたって、一見すると対象は野生生物のようであるが、最大の対象は人間なのである。野生生物のことを生物学的（いわゆる理系的）に理解するのは前提条件であっても、その野生生物の生存に危機的状況を作り出しているのはほかでもなく人間だからである。残念ながら、現代の教育はこうした分野を超えたものを目指す人材を育てるような環境にはなっていないようだ。

## 礼儀をわきまえない好奇心優位のメディア

ここ数年のことである。ぼくの仕事場であるコンゴ共和国に、ある日本の民放テレビ会社から電話がかかってきた。「Xという放送局のものですが、このたびYという番組の企画が通ったので、西原さんを取材するため二週間後にそちらの現地に行きます。どうぞよろしくお願いします」と唐突に言う。こちらはあまりにも急な話で面食らう。

「まず撮影をされるにはコンゴ共和国政府からの撮影許可証が必要です。その許可証発行まで少なくとも三カ月はかかります。それがないと空港で撮影機材を没収される可能性もあります。またコンゴ共和国は交通手段が十全に整備されていないので、ぼくの仕事場である国立公園近くの現地までの交通手段はよほど事前に手配しないと来ることは容易でないでしょう。それにこちらの都合も調整せずに突然撮影に来ると言われても対応はできません」とぼくは冷静に告げる。「しかしもう企画は決まったので訪問することは確実です。何とかお願いします」と相手は食い下がる。「残念ながらこちらとしてはご協力しかねます」と慇懃に対応すると向こうの声はだんだん泣き声になってくる。「それならどうぞコンゴ共和国に来てくださってもよいですけど、ぼく自身やWCSは一切助力できませんのでその旨ご了解ください」と相手に有無も言わせず電話を切る。

その類の番組はすでにぼくも知っていた。日本に一時帰国したときにテレビで見て、すぐにチャンネルを変えたくらいである。最近、いろいろな放送局で流行っているらしい番組で、日本から遠い場所に住んでいる日本人を訪ね、場合によっては芸能人も連れて、おもしろおかしく現地の日本人を紹介する番組だ。国内で生活している日本人には想像もできないような異郷にいる日本人を興味本位で扱うような番組だと思えた。

こうした取材要請が来るのは、ぼくが野生生物の研究や保全の分野において長年アフリカで従事している事実がおそらく日本人で初めてであるし、アフリカ中央部熱帯林地域はただでさえあまり知られていないためだろう。学術的にも謎の存在で、これまでほとんど撮影の対象になっていなかったニシゴリラやマルミミゾウも、取材の格好の対象となるからだ。しかもそこに日本人が「常駐している」ということは、メディア隊にとってその異郷の地にいる日本人を取材対象にできるだけでなく、通訳兼現地での諸々のアレンジをしてくれる「便利屋」にもできるという位置付けなのだ。

また、ぼくがこれまでコーディネーター等で関わってきた日本のテレビ番組の題名からしてみても、いかにも「初もの」「珍しいもの」を強調するものが多い。そこでは、「最後の…」とか、「未知の…」という言葉で題名は修飾されている。たとえば、「最後の原生林」「ゴリラの謎」「未知なる密林」「神秘の海岸」「初公開」などといった単語がタイトルにちりばめられる。それにより視聴者の「好奇心」は呼び起こせるかもしれないが、野生生物に関わることを放映してはいても実質的にその野生生物の危機的状況やアフリカが抱える実情など、事実に基づいた真摯な内容が扱われることはほとんどないのである。

多くの人々にとって、テレビなどの媒体は実際に体験のしにくい自然界や野生のことについて知る格好の、そして貴重な媒体であるはずだ。しかしながら昨今は、そういったことを適切に紹介するドキュメンタリー的なテレビ番組の数が急激に減り、一般の人々が世界の知見を得る機会がかなり限定されてきている。本来であればテレビ番組の影響力は不特定多数へ幅広く及ぶという点で、「保全問題」のメッセンジャーとして有効な手段であるはずなのだ。

## フィールドの現場から見たメディアの持つ課題

ぼくは驚愕したことがある。撮影チームがンドキを訪れたときだ。彼らはなんと六〇人余りのポーターを使ってすべての荷物を森に運び入れた。村からは女性も子どももポーターとして駆り出されたという。それは必要な撮影装備やキャンピング装備、基本的な食糧だけではない。自国から持ち込んだ山のようなお菓子や紅茶、その他諸々の物品も含む。そのチームが森を通過しキャンプを作ると、熱帯林のその一角はきれいに小木や草本が刈られ一大広場と化す。そして何よりも人が多く騒がしい。いくら撮影が目的とはいえ、これでは撮影対象である森林環境そのものに良い影響を及ぼしているとは思えない。強引すぎるのだ。

別のエピソードもある。これはぼくが同行した日本のテレビ・チームでの出来事だ。ンドキの森の中に体長三〇センチ弱の陸ガメがいて、現地の先住民にもいつも笑いものにされる。歩くのがのろい、動きが鈍いというのが大きな理由であろう。そのときのテレビ隊にとっても、このカメは撮影対象の一つであった。ところが撮影隊のカメに対する振る舞いには目に余るものがあった。撮影対象のカメを、撮影しやすい、あるいは撮影したいように手で甲羅をつかみ配置する。緊張しているせいか、首を縮こませているカメに歩けと言いつつ、キノコを持ってきては甲羅を叩いて無理やりキノコを食わせようとする。まるでカメは「おもちゃ」扱いなのである。

一方、撮影したものを編集して番組を作ることはまた別問題だ。日本の象牙利用はアフリカ中央部熱帯林に生息するマルミミゾウの生息数に影響を与えているかもしれないというメッセージを、テレビ番組を通じてぼくは伝えたいと思っていた。インタビューも受けて、きちんとぼくの表現で画面に流れる予定であった。しかし「西原君、日本ではまじめな放送は流しにくいんだよ。茶の間で見ている人たちはまじめな場面が出てくるとすぐにチャンネルを変えてしまうんだ」と撮影隊のディレクターに言われる。案の定、ぼくのインタビューは番組では全面的にカットされた。

また、現地の人へのインタビューでぼくが通訳をしていたとき、奇妙な現象に出会った。インタビューはある場面では現地語をそのまま流し、日本語の内容は字幕で見ることができるのに、中にはインタビューの音声に日本語をかぶせてしまう。よくよく分析してみると、前者ではインタビュー時の実際の言葉と日本語とが確かに一致しているのだが、後者の場合にはそうではないことがあった。視聴者にもともとの言葉を聞かせずに、編集上で都合のいいようにそのインタビューの内容をすり替えていたのである。当然のことながら視聴者はそれに気付かないであろうが、事実を隠蔽することはメディアの使命ではないはずだ。

別の番組では「監修」の依頼が来た。マルミミゾウに関する番組だ。送られてきた映像をもとに細かくコメントを入れた。しかし実際に放映されたものは、そのコメントがほとんど生かされていなかっただけでなく、一部事実関係と異なる内容の番組なのに、ぼくの名が監修者として表示されていたのだ。まったく遺憾であった。関係するプロデューサーは謝罪する一方で、「この番組は再放送しないので容赦してくれ」とのことであった。何のための監修依頼だったのか理解に苦しむ。

番組にとっては視聴率が最大の関心事であるようだ。視聴者に番組の最後まで見続けてもらうために、まじめなドキュメンタリーよりもエンターテインメント的な番組が多数になる。タレントを連れて世界の果てに行き、深刻な内容でなくおもしろおかしい内容に仕上げるのも一つ。最近はクイズ形式も多くなった。番組の最後まで質問の答えを明かさずにおくことで、視聴者にチャンネルを変えさせない魂胆なのだろう。また、高視聴率の獲得は放映局内での昇進とも絡んでいるらしい。番組を見る視聴者への配慮は二の次なのである。

インターネットもメディアの一つではあるが、情報の由来が不明であることが多々ある。それゆえ、その情報の信憑性を確信できないケースも少なくない。ある日、「ガボン沖合でクジラとカバの撮影をしたいので、是非コーディネートをお願いしたい」という依頼がぼくのところに来た。ガボンの海岸部の国立公園管理にも五年以上携わってきた者として、その依頼を引き受けることも可能ではあった。ただ、放送局内ではすでに通ったという、その企画書を見たときのショックは隠せなかった。

ガボンの大西洋岸では確かにザトウクジラが回遊する。カバも海に入る。しかしカバはクジラがいるような遠い沖合に出ることはなく、せいぜい海岸から数十メートル程度しか入らない。しかしこの企画書では、「あるネットの情報からとった」という写真を持ち出し、「クジラとカバが同じ場所で一緒に泳いでいる」と強調してあったのだ。そんな事実は全くない。どこから仕入れたかわからないような写真をじっくり見ると、クジラは確かに写っているが、その横には別のクジラの尾ヒレしか映っていない。カバの姿はどこにもないのにクジラの尾ヒレを指して「これがカバ！」と矢印を入れているのであった。何の根拠もないネット情報を番組企画者は引っ張り出し、その企画案が何の確認もないまま会議で通ってしまうという放送局のあり方が垣間見えた経験であった。もちろん撮影のコーディネートは引き受けなかった。

メディアは大衆の好みをフォローしているというが、大衆にはメディアの思惑とは別の嗜好もあると思う。むしろメディアが大衆を操作しているように窺える。本当に日本の視聴者は純粋なドキュメンタリーを望んではいないのであろうか。多少事実とは異なっていても、おもしろおかしい番組の方が好まれるのであろうか。撮影・編集の現場を知っているだけに、よほどしっかりした監修者やアドバイザーがいなければ、必ずしも事実に即していない内容の番組が作られるだけではないかと容易に想像できる。メディアは視聴率を優先しすぎるために、本来報道されるべき事実関係が揺らぎ、その結果、テレビを見る大衆は操作されているということになる。そうした番組が毎日何本も制作されているという現実、そしてそれを視聴して信じてしまう一般の日本人、それがわれわれの日常であることを考えるとどうも腑に落ちない。

# 11　ぼくの生き方～これまでとこれから



## 月の光とホタルの舞～果たせなかった宇宙への夢

晴れ渡った夜空。森の先住民であるガイドたちが、月だ、月だ、と騒ぐ。ぼくもその場へ行く。森の木々の隙間から見える月。三日月だ。雨の後だけあって空は澄み切っている。三日月の光が透き通るようだ。その光が煌々と明るく感じるのも、周りに人工的な光がまるでないからである。月がこんなにも明るいものだとは知らなかった。熱帯林の真ん中には電気も何もない。日が暮れれば、ただ真っ暗になる。でも月が出ていれば、仮にそれが頭上を覆う樹冠の隙間から差し込むささやかな光ではあっても、森のキャンプはほんのりと浮かぶ舞台のように見える。先住民たちの姿もシルエットとして映えている。

ふと空を見上げると、月の光に負けないくらい満天の星。それを眺めていれば一日の疲労もどこかに飛んでしまう。そして暗闇の中であるからこそ、ホタルの光もまばゆいほどに輝く。何匹も地面で輝いている。小さな木の周りにも、それを取り囲むようにあまたのホタルが光っている。圧巻は、ホタルが高い木から木へと移動するときだ。その光はちょうど星と同じ大きさで、注意

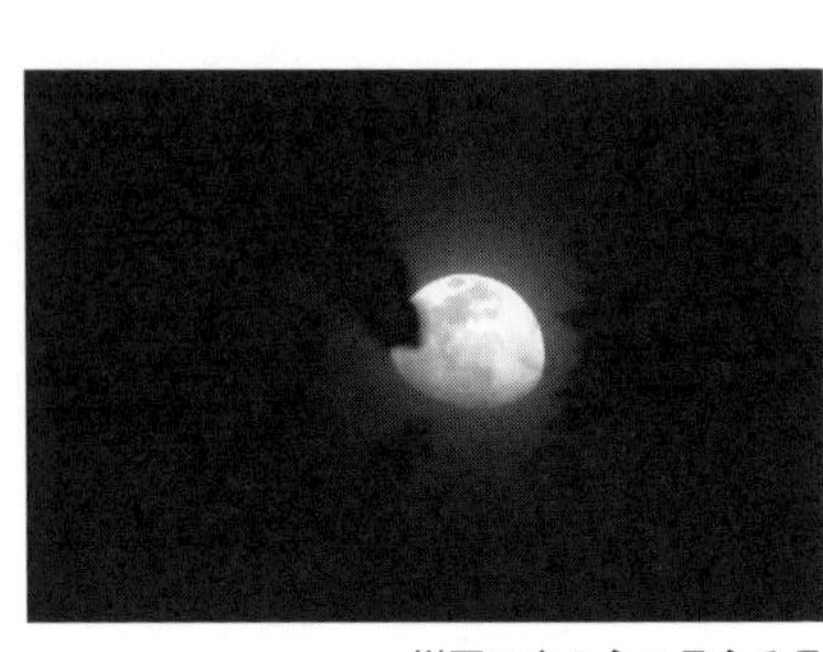

樹冠の向こうに見える月

しないとまるで流星かあるいは星と星の間を飛ぶ何か宇宙船かとも思える。まるで人工衛星のように樹冠から樹冠へ夜間飛行を繰り返す無数のホタルたち。

現地の先住民の言語で、星とホタルは同じだ。ぼくはそうしたホタルの住む森に長い年月過ごしてきた。こうした「原生の森」がぼくの日常にあった。だからこそ何年もそこに滞在できたのだと思う。この感覚は一度でも人の手が入った森「二次林」では決して味わえない。「原生林」に限る。そこでぼくは目をつむり耳を澄ませる。それはいつも何か偉大なことをぼくに語りかけてきた。

ぼくが少年の頃から最も興味を抱いていたのは「宇宙」と「野球」、そして「音楽」であった。メディアから大きな影響を受けたことは確かだと思う。ぼくと同年代の方はお察しがつくであろうが、一九七〇年代は、野球といえば巨人と言われ、またアポロの月面着陸以降の「人類の宇宙進出の未来」がクローズアップされた時代だ。ドキュメンタリー番組では宇宙と地球を往復できるという画期的な「スペースシャトル」時代の開闢（かいびゃく）を謳い、映画では『スター・ウォーズ』が始まり、アニメでは宇宙を舞台にした『宇宙戦艦ヤマト』や『銀河鉄道999』の隆盛期であった。また、音楽の分野でもそうした傾向を煽るかのように、「宇宙的な音楽」と標榜されたシンセサイザーを駆使した音楽が売り出された。故・冨田勲氏によるシンセサイザー曲「惑星」（ホルスト原曲）はその典型例だ。

天体望遠鏡を持っていたぼくは、高校以降は友人と徹夜で月食などを観察したりもした。「天文学」を専門とすることができる大学を目指すようになった。ただ純粋に天文学を勉強することに関心があったというよりは、この不可思議な人間を、また人間の住む地球を、宇宙という外から眺め、あるいは遭遇するかもしれない宇宙人とコンタクトすることができれば、人類とは何か、人間の謎といったものに「地球外側からの視点で」アプローチできるのではないかといったような純粋な考えを抱いていたのだ。

都合三年の浪人時代を経て入学した大学では、天文学を勉強するよりもう一つの分野（野球、実際には体育会ソフトボール部）に集中することになり、とても天文学を目指すような勉学には追いつけないという事態になっていた。しかし同時に、人類の起源や進化、人類の本質を知るための「人類学」という分野に関心を持つに至り、その新規の学問分野に関心が移っていった。人類を理解するには宇宙に行かずとも、宇宙を認識する人類こそ、その最も不可思議な人類をこそ研究すべきだと思うに至ったのだ。これが、「人類学」を専攻するようになった最初の出発点となる契機であった。

## 生きることを救った三曲〜人類学と音楽が繋がったとき

もしぼくが、アンネ＝ゾフィー・ムターというヴァイオリニスト、そして彼女の演じるチャイコフスキー、ブラームス、そしてベートーベンのヴァイオリン協奏曲と出合わなかったら、きっとぼくの人生はいまとは違ったかもしれない。

ぼくがムターを知ったのは一九八〇年代の彼女のデビュー当時だった。有名なドイツの指揮者である故カラヤンの「秘蔵っ子」として紹介されたムターのヴァイオリンの音はつややかで、どこまでも伸びていくような魅惑的なものであった。これまでぼくが聴いたことのない音色であった。京都で迎えた二年目の浪人のとき、FMラジオ放送のクラシック番組でそれを聴いたのだ。「ビロードのような音色」と称されていた。

その京都での予備校時代、講義の後によく向かった住宅街に位置する「碌山」という名の小さなお店で、ホットココアを飲みながら大きなスピーカーから流れる音楽に耳を傾けていた。そうした中、ぼくは三曲のヴァイオリン協奏曲に触れる機会があったのだ。もうこれ以上許されないという浪人という身分の緊張感の中、こうした曲を聴くことはどれだけ勇気づけられたことであろうか。

そして一九八三年の三月、四度目の大学入試二次試験がやってきた。初日の国語は得意の古典と明治文語文で少し稼げたかなとは思ったものの、数学の出来はまるで良くなかった。またもや合格から遠のいた感を得た。四畳半の下宿に戻り、差し込む夕日の影の中、ぼくはそのまま座り込んだ。翌日第二日目の試験に立ち向かう勇気が萎えつつあった。

橙色の外の風景に誘われて、ふとぼくはカセットテープを出し、チャイコフスキーのヴァイオリン協奏曲を聴きだした。思えばこの京都での予備校時代、日曜日ごとに下宿から遠くない清水寺の裏山を散歩したものだった。その夕刻の林の光の中、なぜかいつもぼくはその曲を思い描いていた。その夕闇の光と音楽が、この二次試験第一日目の夕方の下宿で思い起こされ、それまでの苦労や悩みも蹴散らすような気分をもたらしてくれたのである。

翌日の二次試験に備えた最後の準備を終えた頃、ブラームスのヴァイオリン協奏曲のカセットを手に取った。ムターのつややかな響きに、ぼくはまさにそのまま突っ伏したい、そういった甘美な世界へ誘われた。一日目の試験の失敗の思いはどこかで消え去り、心が穏やかになったまま寝床についた。

平常心で迎え撃った二次試験第二日目。渾身の力を込めて物理と英語に立ち向かった。ある程度はできたかなとは思いつつ、ぼくにできる問題ならきっと他の受験者はもっと楽々とこなしたのかもしれないとも考えた。しかし試験の後、英語の訳文に致命的な間違いを犯したことに気付いた。

もう取り返しがつかない。試験はすべて終わった。二曲のヴァイオリン協奏曲を糧に立ち直った二日目。できることはすべてやった。しかし全体の出来から、三月一八日の合格発表日への希望は薄れていっていた。ダメだったら自分の人生をこれからどうするのか？　もう浪人は許されない。どこか別の大学に入って仮面浪人でもするか。そんな中途半端な生き方でいいのか。

そうした考えがグルグル回るだけの毎日であった。ぼくはベートーベンのヴァイオリン協奏曲のカセットを手に取った。そこには何をあがいても仕方がない、なるようになるだけだ、そして「為し得ることを為し得る」といったロマン・ロラン作『ジャン・クリストフ』で何度も出てきて覚えてきた言葉を蘇らせた。心の思いをただ平坦にして合格発表日を待つだけなのだとその曲は知らせてくれた。「諦念」の境地である。

他の受験生の出来も良くなかったのか、三月一八日に自分の受験番号が合格者リストに入っているのを見つけ、自分が念願の京都大学に入れたことがまるで信じられなかった。ぼくを救ったこの三曲。音楽を聴いたときのこのままひれ伏したいと思う音楽への畏敬の念にも似た心からの想いは何なのだろう。音楽とは何なのか、そう感じる日々が過ぎていく。

大学院に入り、アフリカでの研究に先立ちゴリラの「ハミング」について語ったゴリラ研究者の文章に触発され（一四頁参照）、人類の祖先と数百万年前に進化の道を分かち合ったゴリラに、人類の音楽の起源と萌芽を見いだせるのではないかと考えた。それは音楽を聴いたときの感動とその本質への問いかけに繋がるものかもしれない、そういう思いであった。

人類発祥の地はこれまでの調査からアフリカであるとされている。森林を出るか出ないかの頃に直立二足歩行を確立し、森林だけでなく疎林*やサバンナで生きていく術を見いだしていった。その意味で熱帯林は人類の生まれた「ゆりかご」ともいえる。その人類と系統的に近いのは類人猿である。進化の歴史上、現生類人猿の中で人類に近いのは、ゴリラ、チンパンジー、ボノボである。そのいずれもアフリカ熱帯林地域に生息する種である。その中でハミングらしい音声を確認できているのは、なぜかゴリラだけだ。

ところで音楽の萌芽はもともと情動を音にする個々の個体の行為が始まりであると想像できる。ハミングはその一つのようにも思える点から、音楽の初期形態であるようにも思われる。個人的な情動の発露であるので何か特定の意味を含むような機能性を伴っていなくていい。他の者に伝達すべき明確なメッセージがなくてもよいというこの機能性不特定性こそが、音楽の起源、つまり音楽の本質の一つであろうと考えるのである。たとえば仮に言語を伴う音楽であっても、そのときに特定の意味を理解せずとも音楽は音楽として成立し得るということからもわかる。

ゴリラのハミングは何か情動を発している一頭のゴリラの姿を彷彿させる。あるいは周りに別の個体がいたかもしれない。しかし彼らがその発声を聴いていようがいまいが関係ない。あるいはその音声の意味を汲み取ろうがそうしまいが無関係だ。大切なのはそのゴリラの素直な情動の表出というところにある。そこにあるのは機能性とは無縁な、音による情動の「自己完結性」なのである。

アフリカに行く前にインドネシア・スマトラ島の森林の中で味わった森の音、その全体の調和のようなものに感じた心地よさは、その後アフリカに行き、コンゴ共和国のンドキの森などあちこちの熱帯林でも同じように感じた。まさにそこにひれ伏したくなる。アフリカの熱帯林に依拠している先住民族・狩猟採集民の音楽に接したときの心地よさ。言葉の意味は不明でもそこに感じる何か。これらに共通するものは人類の祖先が生まれた「熱帯林」で生まれた音だということである。だから熱帯林の中で音楽が創出されたといっていいのかもしれない。熱帯林に生息する人類に近いゴリラが、音楽の萌芽をハミングという形で始めたといってもよいのかなと思うゆえんである。

## 人類学そして保全への道しるべ

大学に入る前に、「人類学」への道しるべを具体的に示してくれたのは、浪人時代の予備校講師であった。氏は英語担当であったが、英語を予備校生に教える以上に、世界の情勢、様々な思想、多角的なものの見方などについて、随時教授して下さった。多大な刺激をいただいた氏は「これからの学問は、脳医学と精神医学、そして人類学」だと予言した。人類が人類のことを理解するのに、一番近い位置にある学問がその三つだという。その言葉を聞いたのは三〇年以上前となるが、そのときにぼくは初めて人類を研究上の直接の対象とし、人類について探索する「人類学」の存在を知ったのである。氏は、ぼくの人生の中で初めて三六〇度の大きな視野を切り開いてくれた最大の師の一人である。

「人類学」の一環として、ぼくが初めてコンゴ共和国の森へ調査に渡った一九八九年、指導教官として短期間だけ来られたのが黒田末壽氏。黒田さんは森を歩いていても何も教えてくれない。黒田さん本人が森を歩くことに没頭し楽しんでいるように見えた。毎日とても生き生きしている。ぼくはその背中を幾度か見た。それに比べて、ぼくはただ森を歩き、機械的にデータを集めているようだった。決められたルートを歩き、ゴリラの糞を集めてそれを洗い、その食痕を観察し、ゴリラが食べている物を調べているに過ぎなかった。黒田さんは、類人猿の研究とはおよそ直接関わりそうにない、昆虫や植物を一つ一つ丹念に見ている。それが論文になろうがなるまいが構わないようだ。研究ガイドである森の先住民たちとも何やら楽しそうに会話し、納得した様子でメモしていく。その姿が不思議でもあり、うらやましくもあった。尊敬の念すら抱いた。そこにはフィールド・ワーカーとしての神髄が窺われた。

そのときの黒田さんの目の輝きやからだの軽やかさをぼくは決して忘れない。それは後々ぼくに強烈な影響を与えたようだ。気付いたときには、ぼくも黒田さんのように森を歩いていたのだ。「おもしろいことはいくらでも転がっている」「引っかかったことは忘れない」、黒田さんはいつもそう呟いていた。黒田さんは森のことだけではない。「森の先住民などを対象とした文化人類学的な調査も一つやってみろ。人と付き合うこと、人のことを知ること、それは人類を知る上で必ず〝こやし〟になる！」と言う。なるほどと思った。

「白人が存在しているということだけで権力なのだということを忘れてはいけない」という黒田さんの言葉も強烈な印象を持ってぼくの心に焼き付いている。ぼく自身がどうあがいても拭い去ることができないアプリオリな白人—黒人という上下関係。研究調査という大義名分があっても、われわれのほうが物を持っているし、お金を持っている。いかに「友だちだ」と主張しても、われわれとアフリカ人の間の「持つ者」「持たざる者」という関係は明瞭である。「存在自体が権力なのだ」ということをまずしっかり自覚していくことが、何をするにも第一歩なのだということだ。

またぼくは当初、なぜ黒田さんがコンゴ人との共同研究が必要不可欠だと言っているのか全く理解できなかった。しかし黒田さんはもっと心を寛容にして目を開けという。黒田さんの真意は「われわれがいずれ現地を去る存在だ」ということをまず認識しなければならないということであった。いまはいい。われわれがいて調査も進む。しかしこの森に居続けるわけではない。コンゴ共和国に永住するわけではない。いずれ離れるときが来る。そのとき誰が継続するのか。否、この森はコンゴ共和国の熱帯林だ。われわれは日本人でありよそものだ。コンゴ人こそ自分の国の自然を理解するために調査を率先すべき存在だ。コンゴ人側の現実的な財政難、調査装備の不備、研究分野での不十分な経験をわれわれができる限りサポートする。だからこそ共同研究という形をとるべきだというのが黒田さんの発想だった。

もっともなことだ。そうした人材がコンゴに少ないのであれば、若手研究者をトレーニングする場も作っていかなければならない。それが後に黒田さんが細々と開始し、ぼくが実践的に受け継いでいくことになった「コンゴ人のための研修プログラム」へと発展していった（六七頁参照）。こうしてぼくは、「なぜ異国の日本人であるぼくがアフリカの地で研究しているのか」ということを自問自答しながら現地に関わるようになったのである。

当初の目的である研究調査のこと以上に、「おもしろいことはいっぱい転がっている」「何でもこやしにしろ」「存在が権力だ」、そして「帰る存在だ」など、アフリカでの自分のあり方や立場について多岐にわたる示唆を残してくれた黒田氏。ぼくにとって、最大の師の一人だ。

ミカエル。ぼくがその名を聞いたのは、一九八九年に調査を開始してまもなくであった。「すぐ隣の森でお前と同じような仕事をしている白人がずっと前からいる」と、ぼくと一緒に森で仕事をしていた先住民の一人がぼくにそう言ったのだ。隣の森、とはいっても二〇キロくらい離れた陸続きの隣国中央アフリカ共和国の森である。しかもぼくより長年にわたり携わっているようだ。ぼくはそんなアメリカ人の存在をいささかいぶかしくも思った。

その数年後、噂に聞いていた男ミカエルことマイク・フェイに初めて出会う。彼をリーダーとするWCSがボマサ村近くに基地をつくり始め、コンゴ共和国の森林省と共に、ンドキの森を国立公園化しようとしているところであった。マイクの第一印象は、「こいつ、やり手の男だな」というものだった。何だろう？　何かこの男にはプロの仕事家としての魅力がある、そう感じないではいられなかった。当時ぼくの実践会話の英語は下手なはずなのに、彼の英語は非常によくわかるのも不思議であった。

マイクに接触していくうちに、この男のことを知っていくだけでなく、ぼくはどんどん感化されていった。方針がクリアである、決断が速く的確だ、何よりすごいのはマルチタイプの人間なのだ。二輪車はもちろん、どんなタイプの四輪車も運転できるし飛行機も操縦できる。もちろんメカも知って

マイク・フェイ（右）と筆者（左）。2003年当時

いる。現地の役人と交渉するのにも長けているし、現地の森の先住民たちとも問題なく仕事をこなしている。ぼくにとっては「スーパーマン」的存在であった。現世的なことにこだわらない。プロジェクトのリーダーとして、真摯に仕事をやらない者はたとえ白人であってもどんどん首を切っていく。逆に信頼のおける人間には次々と仕事を任せていく。そして何よりも森をこよなく愛している。

マイクはぼくを単なる「一日本人研究者」くらいにしか思っていなかっただろうが、WCSに実質的に協力したことが功を奏したのか、WCSにぼくが入る枠などないのに部分的にサポートしてくれるようになった。ぼくはまだ京都大学の研修員という身であったにもかかわらず、WCSのボマサ基地や首都のブラザビル事務所、WCSの交通手段などを自由に出入りし利用できるようになった。かくて、京都大学に籍を置きながらWCSの（無給の）協力者のような立場になった。

"Life is short（人生は短い）"

これがマイクの口癖であった。「だから大学のようなところで身を縛られる暇はない」とも言う。「現場で勝負をしろ」ということだ。その通りだと思う。そして森から出てくるぼくを見かけるたびにいつも、"You are still alive（まだ生きていたか）"と声をかける。マイク自身もよく知っている、森の中で生きる困難さといつもそれを乗り越えてくることへのねぎらいの意味、そしてまだ「生きている」ことへの皮肉が込められているような彼独特の言葉だ。

マイクの存在なしに、ぼくの「保全への道」はありえなかった。実際、ぼくが「純粋に」研究者だった頃は、何も「保全」についてわかっていなかった。誰からも教わったことはなかった。「世界の中で象牙の最大消費国は日本である。君は日本人なのだから、ゾウの密猟を引き起こしている原因となっている象牙の取引の問題や日本での象牙商品の流通などについて、日本人としてもっと敏感になるべきだ」、マイクはぼくにこう語った。一九九七年一月のことだ。それまで森林に棲むマルミミゾウのことにそれほど関心はなかった。一方、日本では象牙製の印鑑などに象牙が使われていることは何となく知ってはいたものの、それがアフリカのゾウの密猟と関連しているなどとは露とも思ったことはなかった。しかも後に、日本の象牙需要には、マルミミゾウの象牙に強い嗜好があることを学ぶことになったが、当時はそれすら知る由もなかった。

長期にアフリカ熱帯林に携わっている唯一の日本人として、ゾウのことについて何とかしなくてはなるまい。このアフリカ熱帯林で起こっている現実は、遠く離れた日本とは決して無関係ではなかった。多くの日本人研究者と同様、これまで研究中心に考えていた自分、保全の概念にすら疎かった自分に、ぼくが日本人であるがゆえに恥ずかしい気持ちを抱かざるを得なかった。

このマイクの言葉が、「保全」開眼への契機となったのだ。マイクこそが、ぼくの「生き方」への転機を開いてくれた人物であり、尊敬するに値する最大の師の一人である。

## マルミミゾウの象牙と楽器〜保全と音楽が繋がったとき

熱帯林における音、そこに生息する音楽の萌芽形態「ハミング」をするゴリラ、先住民の音楽、これらにはいずれも熱帯林という自然を背景にしているという共通点がある。それはまた、故・

武満徹氏の言葉を思い起こさせる。〝私の音楽は、「自然」から多くを学んでいる。自然が謙虚に、しかし無類の精確さで指し示すこの宇宙の仕組みに対して、私の音楽はその不可知の秩序への限りない讃歌なのだ〟（「武満徹～作曲家の個展～'84コンサート・ライヴ」二枚組CDの帯の言葉より）。武満はすでに音楽と自然との連関性を何かしら見抜いていたようである。

しかも「音楽」と「野生生物」が、「保全」という仕事を通じて予期しなかった繋がりを示したのである。ここ何年かのことだ。それを橋渡ししたのは「楽器」であった。人間はいまでも何らかの形で自然界のものを利用している。人間は自然界の恵みなしでは生きられない。これは明確だ。「楽器」も同様である。人間がはじめに使った楽器は、どの民族であれ、自然界由来の素材で作ったことは間違いない。それは木という植物であるし、動物の皮や牙、骨であり、蚕由来の絹糸など多種多様である。驚くべき発見は、自分と同じ日本人が伝統音楽として長い歴史の中で使ってきた三味線や箏など和楽器の一部に、象牙が好んで利用されてきたことであった。しかもそれはぼくがアフリカ現地で最も重要な保護の対象として日夜奮闘しているマルミミゾウの象牙だったことである。

「よい音」を伝承していくために、その象牙利用は長い歴史を持ち、いまでも根強い需要がある。しかも歌舞伎や人形浄瑠璃といった三味線などを使用している伝統芸能は、世界無形文化遺産に指定されているほど人類の貴重な文化遺産でもある。一方で、マルミミゾウは植物の種子散布などの熱帯林生態系維持に必要不可欠な役割を持つ種であり、その存在は熱帯林という地球上の自然遺産の永続的な存続に欠かせないものである。そうした象牙の楽器利用という相矛盾する課題を前にして、「マルミミゾウ」と「音楽」との間に強い繋がりがあることを自ら発見した。さらに調べていくと、それは和楽器に限ったことでなかった。ぼくがそれまでひれ伏すように堪能してきた西洋音楽の主要楽器ヴァイオリンの本体や弓にも、マルミミゾウ由来の象牙が必需部品として使用されてきたのだ。

## 体育会での経験がアフリカでの保全の仕事に役立っている

一九八六年の春、ぼくは大学四年生で、体育会ソフトボール部での現役最後のシーズンを迎えていた。我が部が属する関西リーグには当時一部と二部があったが、そのときの入替戦で念願の一部再昇格を果たしたのだ。その瞬間の歓喜はいまでも鮮明に覚えている。京都大学としては、一九八三年にぼくが入部したときの春のリーグで、創部以来初の二部降格を喫していたため、三年ぶりの返り咲きの快挙だった。加藤監督のもと、ぼくの後輩を中心としたチームでの勝利であった。勝利後のミーティングで各選手の評価を述べた後、監督は「西原、冬場のトレーニングから皆を厳しく引っ張ってくれてありがとう。皆で拍手を！」と言う。投手として万年控えであったぼく自身は試合で直接大きな貢献をしたわけではないが、試合後のミーティングで

体育会ソフトボール部時代の仲間たちと。中央の背番号 16 が筆者

そうぼくを評してくれた当時の監督の言葉は生涯忘れない。

小学校から持久走を除けば「運動音痴」であり、鉄棒やマット運動はその最たるものであったぼくは、一九八三年に大学に入学するや否や、是非とも体育会に入りたいと思った。小さい頃から好きだった野球やソフトボールは小中高でも遊び程度にしかできなかった。しかし野球・ソフトボールへの夢は捨てきれず、とはいえクラブとしての経験はないので硬式野球は無理かなと思う中、体育会紹介のブックレットの中に男子ソフトボール部を発見した。しかも練習は朝練のみ、午後は自由という時間配分も魅力的だった。ソフトボールなら、かなり小さい頃から親しんできた。ピッチャーやショートを主にやってきた。これならぼくにでもできるのではと思い、入部を決心する。

入学直後、早速、大学のグラウンドを訪れ、練習中のソフトボール部を見学、その日のうちに当時のキャプテンに入部を申し込んだ。ただ、得意だった持久走を除けば、それまで本格的に運動をやったことはなかったので、まずは基礎体力作り、筋力トレーニングなどに励む毎日が続いた。ポジションはピッチャーを目指したが、からだが硬いのと筋力不足で、実践で役に立つほどにはならなかった。しかしトレーニングだけは誰にも負けず履行した。シーズンオフである冬も、雪が降ろうが降るまいが毎日のように近くの大文字山を走って登り下りした。ときにはそれを一日に二往復もした。

朝練とはいえ通常練習が終わるのは一コマ目の授業の終わる頃。その後たいてい他の部員と共に学食に食事に行く。それでなおもタフなら午後の授業に出ることもあったが、そうでない日も多く、夕方には自主トレで打撃の素振りや筋トレをした。学部の四年はそうして過ぎていったのであった。まるで大学での勉強とは無縁な、まさにソフトボール漬けの毎日であった。技術的なところはともかく、基本的な体力ができあがったのは間違いないと思う。

四年間学業を怠っていたツケもあり、二年の留年を経て、大学院の試験にようやく合格した。通常われわれの部では大学院に入った修士課程一年の誰かOBがチームの監督を務めることになっていた。大学院入学が決まった秋、OBとして久々に練習を見に行くと、大学院生のOBの中では次期監督候補がいないと聞く。奇妙なことに、修士課程に入るぼくの名前が候補者としてあがった。ぼくはすぐに断った。まず選手として活躍したわけでもなく、技術的な指導が十全にできない。それにチームという組織のトップになって人を管理・指導した経験もない。何より修士課程では人類学の研究のために長く京都を離れる可能性が高いため、物理的に監督業はできないであろうと説明する。

ところが、修士課程に入った研究室で、ぼくのフィールド研究の場所がアフリカと決まった。出発は夏以降であり、もし監督をやるとなると春のリーグと夏の試合の一部は引き受けられそうである。しかし自分の適性を自分自身で懐疑する日々は続く。そうしたある日、後輩の水本に言われた。「西原さん、監督をやらないなんて情けないですよ。技術よりもチームを厳しく引っ張ることです。それは西原さんにしかできない」。結果的に、水本に叱咤される形で、道はイバラであると承知の上、監督を引き受けることにした。

ぼくにとってそれは新しい挑戦であり、大袈裟ではなく人生の大転換でもあった。試行錯誤で始まった監督業の初期は、選手からもあまり信頼を得ていなかったのであろう。春のリーグ前の練習試合の結果も惨めなものであった。新規なアイデアから創出した守備陣コンバート案も功を奏さなかった。幸いリーグ戦は四年生を中心とした選手の活躍で入替戦まで進んだが、一部への再昇格は果たせなかった。

春季リーグ後の新人の入部後、上級生・下級生を問わず、経験は浅くても覇気のある選手を積極的に使う新しい方針を採用した。チームの活性化には活きのいい若者の台頭が必須である。先輩格である試合経験者の存在も重要だが、ともするとチーム全体が停滞しかねない。新人でも試合に出られるという例を作れば、若い世代も奮起できるし、先輩格の尻にも火が付くはずだ。そう確信していた。

この画期的な方針にチームの中の上級生格からは猛烈な反発はあったが無視した。ところが、その年のある夏の日、コーチをしていた後輩の岡本からぼくの下宿に葉書が届いた（当時は携帯電話もなくメールもなかった）。「西原さん、若者を選手として起用するという監督の方針がやっと理解できるようになりました」と。チームの浮沈は技術的なことだけではない。チーム全体の活気、覇気、そしてスピリットしだいでもあるのだ。

監督初年度である一九八九年以降、日本とアフリカを往復する生活が始まる。アフリカで研究調査をする一方、日本に帰るたびに監督を依頼された。半シーズンのときもあった。フルシーズン関わったこともあった。それは一九九六年まで都合七年続いた。念願の一部復活は果たせなかったが、この断続的な長期政権でぼく自身は多くを学ぶことができた。何より「一徹・飛雄馬」という関係であった投手の後輩の田中をはじめ、数多くの素晴らしい後輩諸氏と巡り会えた。いまではなかなか会う機会もないが、彼らはいまでも生涯の宝物である。

体育会ソフトボール部での経験はいまの仕事の多方面で役立っている。まずは体力。アフリカでの仕事の基本は体力だ。選手時代の特に冬場の走り込みと筋トレによる持久力はいまでも持続しているタフさの源である。また、監督業の経験の中でいまの仕事に生きているのは、リーダーとしてプロジェクトの全般的な組織運営を主張し実現していくこと。それだけでなく、現地スタッフの「適材適所」「若者抜擢」方針、さらに瞬時の的確な判断・評価の実践などである。監督として次の新しい展開のために一球ごとにサインを送るという試合中の瞬時の集中と決断の積み重ねが、失敗を恐れないチャレンジ精神というタフさをも培ったのかもしれない。理屈ではなく実践のみだ。それぞれ役目や能力の違う選手と直接対等に会話してきたことは、いまの現地スタッフとの日常的なコミュニケーションにも生きていると確信している。

## 野球と将棋、そして音楽に通底すること

アフリカ生活の長いいまでこそ、対戦相手がいないのですっかり将棋はご無沙汰しているが、相手の駒を取り、しかもそれをも駆使しながら多様な戦略を「読む」行為と、それが当たったと

きの「爽快さ」は将棋の醍醐味である。一手一手が勝負なのである。そこには、「動」と「静」の繰り返しがある。各駒がそれぞれ違った機能と役割を持っている。それゆえ複雑であり、逆にいえばそれぞれを全体の流れの中でうまく使いこなせば、盤上に躍動感が生まれ、生き生きとした勝負が展開する。そして最終的に勝てば、まさに「してやったり」という感触を得られる。

そのように将棋を見ると、実に驚くほど野球との類似点が多いことに気付く。一手ごとの読みは、一球ごとの読みに相当する。次に何が起こるかわからない点も同じだ。二度と同じゲーム展開がない点も全く同様である。一瞬一瞬の動きの合間には、必ず静けさがあり、次の展開を待つ。この「動」と「静」のあり方の連動も共通のことだ。さらに異なる動きと役目を持つそれぞれの駒を適切に動かす指し手は、異なる技能（守る場所や打撃の順番など）を持つ選手を的確に使う監督と似ている。

そこまで野球と将棋の類似する特質を考えていくと、それが音楽の持つ特質と近いものであることに気付く。指揮者とそれぞれ異なる楽器を演奏する演奏者は、まさに野球における監督と選手、そして将棋における指し手と駒のアナロジーだ。それぞれの選手あるいは駒という各々のピースの技量に頼るところが大きいが、しかしそれが全体としてバランスが取れている団体・組織（チーム）があってこそ躍動感が生まれるのは、野球も将棋も音楽も全く同じだ。そして、「二度と同じものがない」点、「動と静の繰り返し」がその存在の本質である点、そして「一瞬一瞬の大切さのみが全体の流れを作っていく」点も、すべてに共通している。

「一瞬一瞬を大切にする」という点は、「因習や慣習、通念・先入観や、世間と過去に執着しがち」な通常の人間のあり方とは異なるかもしれない。その場限りの「事なかれ主義」のようにも捉えられかねない。しかし決してそういうことではない。その強みは理不尽さに固執する必要のない自由さがある点だ。そこには、音楽・野球・将棋にみられるような「生きていくことへの痛快さ」が秘められていると確信する。まさに、それはぼくが見てきた健全な心の持ち主である先住民ピグミー（一一六頁参照）のあり方であった。そこには、自分と強く関わってきた音楽・野球・将棋と通底する自分自身が投影されていたのだ。

＊疎林　多種多様な植物が繁茂している森林を「密林」と呼ぶのに対し、樹木の数がまばらであるような森林を「疎林」という。

# 12　さらに隠蔽される〝真実〟

## 気象変動と森林伐採

「大型で強い台風19号の影響で、神奈川県足柄下郡箱根町では、断続的に雨が降りました。記録的短時間大雨情報が発表されるなど、雨の降る量が増え、降り始めからの雨量が一〇〇〇ミリを超えました」というニュースが流れたのは、二〇一九年一〇月一二日である。一九八九年以来、ぼくが三〇年出入りしていたアフリカ・コンゴ盆地の熱帯林地域では年間降水量が一五〇〇ミリ前後であることを考えると、その三分の二に相当する箱根の数日間の降水量が極めて異常だとわかる。

いまだに気象変動に関して疑義をもつ人は後を絶たないが、地球の歴史の極めて短い期間において次々と起こる世界中の異常気象は疑う余地はない。その兆しは実は二〇年以上も前から謳われてきたのだが、被害が身近になってきたからようやく気付いたかのごとく、ようやく日本でもここ一～二年で世間では騒がれ始めてきている。この自然災害による被害額や復興資金の調達も年々厳しくなる一方である。

気象変動の最大要因の一つは世界中の森林破壊である。ぼく自身もコンゴ共和国やガボンの熱帯林を三〇年見続けてきた中、その森林が急激に消失し始めたのはここ二〇年ほどの話である。特に林業開発である。もはやすでに各国政府によって設立された国立公園や保護区は森林伐採区に囲まれた「陸の孤島」のようであるのが現状だ。

コンゴ盆地の多くの国々では経済力や装備・技術の点で十全でないことから、ほとんどの林業は多国籍企業によって行われている。歴史的には多くの林業区では無秩序に有用材は乱獲され、しかも森林に流入した労働者やその家族を養うために、従来からの獣肉需要と相まって多くの野生動物の命が絶たれてきた現実がある。森林の中を貫く木材搬出路はその獣肉目的の過剰な狩猟を加速化した。象牙目的のマルミミゾウの密猟が盛んになったのもそうした道路の存在に大きく起因する。林業は樹木という植物だけでなく、動物の生命を奪い、もはやそこには多種多様な動植物が一体となって作り上げる熱帯林生態系が残されないという事態を招いてきたのである。

しかしその根幹にあるのは、未だに根強い熱帯材に対する、先進国を中心とした世界中からの需要である。アフリカの熱帯材を世界のトップクラスで輸入している日本もその例外ではない。したがって、森林破壊は途上国の抱える問題と単純に捉えるべきではなく、まさにグローバルな国際社会の問題なのである。もし温暖化との関

森林伐採の跡地

わりで言うのなら、森林破壊に起因する温暖化も先進国がもたらした現象だと言っても過言ではない。そうした観点から、冒頭の箱根の大雨も、ここ数年の夏の激暑や大型台風、大雨、豪雪など日本で昨今起こる気象変動も「自業自得」という視点でとらえる必要もある。

## さらに加速化される森林消失

アフリカのコンゴ盆地の熱帯林が消失していく理由は他にもある。面積的にはまだ巨大ではないものの、現在進行しているのはヤシ油農園開発のための森林皆伐である。ヤシ油の大半は東南アジアで生産されているが、森林消失の激しい東南アジアでもヤシ油農園を新たに作る場所も制限されてきたのか、昨今アフリカのコンゴ盆地にアジア系の企業が進出し、東南アジア同様その農園区の森林は完全に伐採されている。食品、化粧品、洗剤・シャンプーなど日常必需品にヤシ油が使われているのは周知のことであるが、これまた先進国を中心とした都市文明人が毎日そうした商品を当たり前のように使っているとすれば、これがいかに巨大な需要であるかは明確であり、森林の崩壊も自明のことである。

実際、マレーシア系の企業はヤシ油農園開発で四〜五年前にコンゴ共和国に進出してきた。その企業が目を付けたのはちょうど二つの国立公園の間に挟まれた森林と草原の移行帯地域である。コンゴ共和国政府から許可を得たその企業は、中国系の別の林業会社との協力で、まず森林を皆伐、そののちアブラヤシの苗を植え付けた。ヤシ油の製油工場の建設までも含めた事業計画書では、最終的に数十万人の雇用の創出が可能であると記述され、国の経済対策の一助となることから大統領主催の大規模な開所式まで実施された。ところが事前の調査不足であったためか、建材や必需品調達などにかかる輸送を含めたコスト超過と、アブラヤシの育成に十分でない降水量や土壌の質の問題が明らかになり、事業は中止、企業も撤退した。悲しいことにあとに残ったのは、森林を完全に失った広大な荒れ地だけであった。

もう一つの森林消失は鉱物資源開発によるものである。アフリカのコンゴ盆地は地球上でも有数の鉱物資源の宝庫である。あるいは最後の宝庫と言ってもいい。鉄、ダイヤモンド、金だけでなく、希少金属が多く、特に希少金属の多くはこの地域に偏在している。そのほとんどが森林の下にある地下資源であるため、そうした鉱物資源開発では大規模な森林破壊は免れない。とりわけ希少金属は少量で莫大な経済効果を生み出すため、コンゴ民主共和国ではしばしば民族抗争・内戦の誘因となっており、かねてより「紛争鉱物」として取り上げられてきた。

鉱物資源の高額の収益は軍事費となり内戦を加速化し、それは地域住民への強制労働や幼い子どもへの児童労働や少年兵育成だけでなく、内戦激化に伴うその地域からの避難民を生み出してきた。森林が破壊されれば、結果的にマルミミゾウやゴリラなどその地域に生息する野生動物の多くの死につながる。こうした事態は、コルタンなどの希少

放棄されたアブラヤシ農園の末路（写真の奥まで続く広大な平地が伐採されたあと）

金属が先進国由来の携帯電話など多くの電子機器に使用されている事実から、一時期「携帯ゴリラ」という造語で騒がれてきた。

無論、アフリカ大陸における近年の人口爆発も無視できなくなるであろう。コンゴ盆地も例外ではない。人口が増えれば居住地が必要となる。家屋に必要な木材も必要となる。そうした点から森林伐採がさらに進むであろう。さらに人口増加に伴い食料も必要となる。コンゴ盆地の住人の主食はキャッサバである。キャッサバは森林伐採したのち火入れをした地に植える栽培植物で、そうした焼畑農耕は必ずしも持続可能な農法とは言えない。もっと言えば、昨今の気象変動により森が極端に乾くこともあり、そうした折の火入れは大規模な森林火災の要因となるのだ。

## 追われる先住民族

こうした主に都市文明人の需要に応じた先進国由来の資源開発は、森林消失の主要原因となっている。それは、野生動物の絶滅だけでなく、地球温暖化をも加速化している。しかし、ここで決して忘れてはならないのは、先住民族の問題である。ここで言う先住民族とは、その森林に従来から依拠してきた狩猟採集民のことである。コンゴ盆地の事例で言えば、本書でも紹介してきたピグミー族がそれに相当する。

ぼく自身が初めて訪れた一九八九年頃のコンゴ共和国における事例では、食べ物だけでなく、住居や衣料、道具、薬剤などの材料に至るまで、多くを森林の産物に依存し、森林での遊動生活を営んできたピグミーは、まだ森林での生活を続けていた。それが政府の勅令で、森林の周辺に住む農耕民の村に半強制的に移住させられたのは林業区の拡大開始時期と一致する。

ピグミーは森林を追われただけではなく、従来の物々交換時代から主従関係にあった農耕民と、日常的に差別を受けながらの共同生活を余儀なくされたのである。しかも森林がどんどん縮小していく中、森林の産物を採集しに行くにも多くの労力を要するようになった。森林開発に伴い野生動物も数が減り、従来のような狩猟すら容易でなくなってきた。それだけではない。森林の産物への依存が困難な上に、追い打ちをかけるように貨幣経済が浸透したため、急激な生活様式の変貌を強いられてきているのだ。

本書でも記述したとおりだが、森林での活動が従来どおりできなくなれば、それまで彼らが保持、継承してきた森に関する知識や知恵、技能なども次第に廃れてくる。特に、いまのピグミーの若い世代の中には、森を迷わずに歩く技能、動物の追跡能力、マルミミゾウなど危険を伴う動物に遭遇したときの対処の仕方、植物の名前やその利用法などに関し脆弱になりつつある者もおり、森を熟知するピグミーに三〇年間お世話になってきたぼく自身のほうが彼らより優れている点もないわけではない。

## 先住民族への適切とは言えない対応

貨幣経済に巻き込まれた狩猟採集民社会において、その経済的自立は重要なテーマの一つである。その中で収入源の一つはそうした先住民族の文化を披露する文化ツーリズムだとの主張もある。ただぼく自身は、コンゴ共和国での身近なピグミーの事例から文化ツーリズムの進展に慎重な立場をとってきている。大きな理由は、たとえばピグミーの歌や踊りは見世物のためであるべきではない点、手に入った現金の行き先が多くの場合アルコールであり、それがピグミーの社会でこれまでなかった過度な心身荒廃や争い事、不平等など社会的問題を生み出している点である。

文化ツーリズムは先住民自身のイニシアティブによるものではなく、それをよしとする外部からのトップダウン式の発想に基づいているとぼくは考える。アフリカに住む別の先住民族が作る伝統的なアクセサリーをツーリストに売るという事例では、そうした行為を継続する先住民族の中には、アクセサリーが「売れる」という日常に慣れ、たとえアクセサリーの質を落としても問題なくツーリストに売れることに気付き品質の落ちたものを売り続けている者もいるという。文化の質を落としてまで文化ツーリズムを継続する意義はどこにも感じられないと思うのはぼくだけであろうか。

一方、ぼく自身は先住民社会において、欧米を起点とする近代学校教育がすべて悪いと考える立場ではないが、そうした近代教育を無反省のまま先住民社会に持ち込むことには常に疑問を抱いていた。コンゴ共和国のピグミーを見ていればそれは明瞭である。いまだに農耕民から差別を受けているピグミーの学童は、学校に行けば農耕民の学童からいじめられる。また学校に行きたくないピグミーの子どもの親は警察などから暴力を受ける。また経済的貧困のため、仮に小学生程度の初等教育を終えてもその後の中等・高等教育に進む術もない。

最大の論点は、学校が強制的に義務化されている状況の中で、ピグミーの子どもが森の中で親から森に関する伝統的知識や技能を継承することができる時間も機会も極めて少なくなっていることである。しかし、残念ながら昨今の趨勢は、識字率を上げるというステレオタイプ的な目標を掲げて、先住民族にも「近代教育ありき」という前提である。二〇一八年にマレーシアで行われた「国際狩猟採集民研究会」においてもそうであった。近代教育は欧米で始められたもので、歴史的にもトップダウン方式で先住民に持ち込まれたものである。先進国の中でも今の学校教育のあり方に多くの問題が提示されているのは明瞭であり、その適切な評価もなしに無反省に先住民社会に持ち込むのは無意味であるとぼくは考える。

日本の先住民族問題も見逃してはならない。従来の「アイヌ文化の振興並びにアイヌの伝統等に関する知識の普及及び啓発に関する法律」（通称「アイヌ文化振興法」）が廃止され、二〇一九年に「アイヌの人々の誇りが尊重される社会を実現するための施策の推進に関する法律」が成立した。ここではじめて、国はアイヌを「先住民族」と法的に認めるに至ったが、政府はいまだ和人によるアイヌ・モシリ（北海道）への侵略・搾取・差別・同一化などの歴史についての謝罪や反省がないだけでなく、欧米諸国が先住民族に認めている土地や漁業権などの権利回復が盛り込まれていないなどといった批判もある。二〇二〇年四月から北海道白老町にて新たにオープンする予定の「ウポポイ（国立ジヌ民族博物館／国立民族共生空間）」においても、和人がアイヌに対して行ってきた歴史的事実に言及していないと聞くが、もしそれが本当だとしたら教育機関であるべき博物館のあり方として極めて憂慮する事態であろう。詳細は別項に譲るが、日本人も身近な問題として、先住民族問題に背を向けず正面から真摯に取り組んでほしいと願う次第である。

## 森林破壊に対する解決策の是非

いかなる要因にせよ、森林の消失は野生動物の生存や地球環境異変、そして先住民族の存続に関わる重大な事態である。そうしたときに、解決案として常に提示されるのが植林である。しかしながら熱帯林では、特定の数種の樹種を除いては植林の成功例はごくわずかしかない。植物学者によれば、これは、熱帯林は数百種の動物、何千種類の植物、数万種類の昆虫、そして多様な菌類などが複雑な生態系があってこそ樹種の安定した発芽と成長が可能となるため、伐採後の荒れ地などすでに生態系がこうしたセットとして残っていない場所での特定の単一樹種の植林はむずかしいという。特に、外生菌根で植物の成長に必須なものが多いので、うまく菌類のネットワークが育つ環境を作るのが難しいのではないかと考えられている。

そうした中、森林伐採後、もとの原生林に戻るには自然界の再生力に頼らざるを得ない。マルミミゾウなどが持つ種子散布という生態系サービスが森林再生に有効な手段となることはすでに本書でも述べた。野生動物、特に礎石種の保全の重要性が強調されるゆえんである。経済の必然性により森林開発が不可避である場合にも、こうした複雑な生態系の維持には伐採を最小限に抑えつつ、生業として必要なあるいは合法的な狩猟・捕獲は例外とした、野生動物の保全が必須となるのである。

一方、森林破壊は野生生物保全や地球環境異変の元凶であるとの観点から木材や紙利用をなくしていくことを主張する場合がある。しかしたとえばプラスチックや合成素材など工業的な素材による家屋・家具生産が必ずしも環境によいというわけではないのは疑いの余地がない。最近、便利のよさと紙媒体をなくすための一環として電子書籍が流行りつつある。しかし電子書籍は紙を使わないものの、その製造に必要な希少金属は森林破壊の後に取得される希少金属であり、なによりそうした機器の充電の必要性からさらなるエネルギー問題を生じさせかねない。

木材資源は森林の管理さえ適切であれば、再生可能な自然資源である。エネルギー源となる化石燃料や、電子機器の素材となる希少金属は掘り尽くしてしまえばそれまでで、自然再生はしないことを理解する必要がある。無論いまでも地球上に残っている原生の森を新たに切り開くことは論外であるが、本書で紹介したようなFSC認証に基づいた半永続的な森林業のあり方こそ、これからの地球の未来には欠かせない一つの方途であろう。

FSC認証は森林生態系の維持だけでなく、すでに述べた先住民族への配慮という形でも十全な貢献が可能である点を強調しておきたい。実際、コンゴ共和国においてFSC認証保持の多国籍企業の一つは、先住民族配慮の一環として、先住民のみの学校を設立、特別なカリキュラムでの教育を実施している。季節に応じた森の中での彼らの狩猟採集活動を実現するために、伐採会社の責任として伐採区の中の森林までの彼らのための輸送手段を確保した上で、その特定の期間は通学を休止している。これによって、親世代から子世代へと森に関する知識や知恵、技能、生業を継承していけるのである。さらに大事な点はこうした学校の存在で、ピグミーの子どもが支配民族である農耕民の子どもからのいじめを受けることもなく、またピグミー独自の言語の継承にも貢献し得る点である。

## エボラウイルスとSDGs

エボラ出血熱の発生は一九七六年にウイルスが発見されて以来、今日まで九回に及んでおり、致死率の高い病気だ。アフリカ中央部コンゴ盆地や西アフリカの熱帯林地帯に限り起こってきたが、ウイルスがその地域を超えて広まったことを懸念して、WHO（世界保健機関）は二〇一九年七月に「緊急事態宣言」を出した。

そのウイルス発生メカニズムはいまだ不明な点が多い。これまでの傾向からすると、ある地域で発生はしてもやがて収斂し、また忘れた頃に発生する。ウイルスによる致死率は高いが、ウイルスの密度は現時点ではさほど高くなくウイルス自体も強くないようだ。ウイルスに感染している人間や動物の体液などに触れたことによる直接感染であるため、感染力も強くない。

ではなぜウイルスが発生するようになったのであろうか？　これまでの獣医などによる研究の中で最も有力な説は、エボラウイルスは熱帯林に住むフルーツバットを宿主としてその体内に共生してきたが、そのウイルスが人間を含めたそれに対して耐性のない動物に触れる機会が多くなってきたためであるというものだ。その原因は急激な森林減少であると考えられている。これまでもウイルスは宿主コウモリと共生しながら、唾液などの体液の付着した果実の食べ残しも森林に多く落ちていたであろう。しかし森林が減少し分断化されてきたことで、ウイルスが付着している可能性のあるそうした体液付き果実の破片などに、果実を好んで食べる野生動物が触れる確率が高くなってきた。その結果、果実食者でありウイルスに耐性のないサルや類人猿（ゴリラ、チンパンジー）などに感染しやすくなったのだ。

それが人間にまで波及した理由は、アフリカの森林地帯に住む住民は、伝統的に野生動物の獣肉を食べる習慣があり、その中にはサルや類人猿、そしてコウモリも含まれているからである。食べる前の解体時や調理時にそうした動物の死体とその体液に触れることは不可避であり、そうした人々が死に至った。また、ウイルス患者に触れた病院スタッフやウイルスによって死亡した死体に触れた者も相次いで死亡したのである。

現在、安全性や有効性が確立された予防ワクチンや治療薬は開発されつつあるが、まだその有効性は確認されていない。手洗いを履行する、エボラ出血熱の患者・遺体・血液・嘔吐物・体液や動物に直接触れない、感染者が発生している地域に近付かない、感染者又は感染の疑いがある人との接触は避ける、野生動物の肉（ブッシュミートやジビエと称されるもの）を食さないことなど勧告されている（外務省の安全情報ページ『コンゴ民主共和国におけるエボラ出血熱の発生』二〇一八年五月一九日）。

今後は保健医療分野でのワクチンや治療薬の開発は重要であろう。しかし、それはウイルスの感染拡大を防ぐには役に立っても、ウイルスそのものの発生頻度を抑えることにはつながらない。やがてエボラウイルスは、インフルエンザのウイルスなどと同様、進化する可能性も大きいため、そうした医療開発もあくまで暫定的なものといえる。さらに、初期症状は高熱や下痢といった具合で他の病気との区別もつきにくいうえ、空港などでのもっと精度の高い水際チェックも進展していない。昨今ツーリズムだけでなく企業進出などもあって、アフリカへの出入りが多くなってきた日本人も危険に見舞われる可能性は少なくないはずである。急速な森林破壊が原因であるとするのなら、その方面での解決が迅速に望まれるのは言うまでもない。

アフリカの森林破壊についてはすでに述べたとおりであるが、野生動物の獣肉を食べるという、特にコンゴ盆地の森林地域のアフリカの住民の伝統的「食文化」の問題も考慮しなければならない。「野生動物の肉を食べるな」とは言っても、家畜など代替タンパク源が十分になく、そうした代替肉に慣れていない彼らの日常生活で、「食の安全保障」をどう配慮するのであろうか。

いまSDGs（二〇一五年九月の国連サミットで採択された「持続可能な開発のための2030アジェンダ」にて記載された二〇三〇年までの17の国際目標）がブームである。エボラ問題では、保健医療分野（目標3）だけでなく、森林保全（目標12と15）、経済効果（目標1と8）、食の保証（目標2）などが関わってくる。現在必要とされるのは、一部の専門分野だけの単視眼的でないこうした分野の超えた統合的な視点からの議論と解決策が望まれるのである。


ちなみに、FSC認証はSDGs的に言えば、ほとんどの目標をカバーしている実践例であるということも知っておく必要がある。残念ながら、日本でのFSC認証製品の普及率はいまだ一〇%程度と低く、先進国の中でもかなり遅れている。紙製品や木材を扱う企業の関心度の低さも気になる。周知のように、二〇二〇年の東京オリンピックのメインスタジアムの木材の一部は東南アジアからの違法木材である。日本の民度や企業理念、国家政策はまだFSC認証の認知以前のレベルと言わざるを得ない。

1. 貧困をなくそう　No poverty
2. 飢餓をゼロに　Zero hunger
3. すべての人に健康と福祉を
Good health and well-being
4. 質の高い教育をみんなに　Quality education
5. ジェンダー平等を実現しよう　Gender equality
6. 安全な水とトイレを世界中に
Clean water and sanitation
7. エネルギーをみんなに そしてクリーンに
Affordable and clean energy
8. 働きがいも経済成長も
Decent work and economic growth
9. 産業と技術革新の基盤をつくろう
Industry, innovation, infrastructure
10. 人や国の不平等をなくそう
Reduced inequalities
11. 住み続けられるまちづくりを
Sustainable cities and communities
12. つくる責任 つかう責任
Responsible consumption and production
13. 気候変動に具体的な対策を　Climate action
14. 海の豊かさを守ろう　Life below water
15. 陸の豊かさも守ろう　Life on land
16. 平和と公正をすべての人に
Peace, justice and strong institutions
17. パートナーシップで目標を達成しよう
Partnerships for the goals

SDGｓの17の目標

## 「不都合な真実」を説く人にとっての「不都合な真実」

地球温暖化が叫ばれてから、二酸化炭素排出の大きな要因となっている、石油、石炭、天然ガスなどの化石燃料の利用を抑える議論が活発になってきている。しかし、特に産業革命以降、科学技術の発展とともに便利で快適な生活を支えてきた、そうした燃料の削減は、これからもそうした生活を続けたい都市文明生活者の多くにとっては極めて「不都合な」事態である。そうした産業から多額の献金を受けてきた歴史がある、国家を主導する政治家にとっても「不都合な真実」だと言われてきた。

そこで登場してきたのが、それに代替・補完しうる、二酸化炭素排出を伴わないクリーンな「自然再生エネルギー」である。太陽光発電、風力発電、地熱発電などがあげられるが、核分裂・核融合のメカニズムを利用した原子力発電や水素エネルギーもその一環である。排気ガスを出さない自動車を目指した、電気自動車もこうした文脈で始まった。すべて、「安心・安全・クリーン」であり、現行のエネルギー消費や自動車社会を維持しながら温暖化を削減していく方法として強調されている。

原子力発電が地球の未来にとって安全の保証がないのは、二〇一一年の東日本大震災の経験からも明らかである。日本のように地震の多い国で、さらに原子力発電所を可動していこうという風潮は極めて理解に苦しむところである。水素エネルギーも揮発性が高いとは言え爆発力は巨大であり、原子力エネルギー同様、安全管理の問題は重大事項となってくる。ただ現在の急激な地球規模での気象変動を目の当たりにする中、原子力・水素以外のエネルギー技術開発は今後必要となってくるのは疑いない。しかし、ぼくは現時点でのそうした技術の大規模開発や普及は再検討の余地があると提唱したい。

ソーラーパネルの問題は大規模設置に必要となる森林破壊だけではない。ソーラーパネル製造に必須と言われているインジウムという希少金属は毒性のある有害物質であり、すでに人体への健康被害が懸念されている。またソーラーシステムといえども耐久年限は二〇年程度であり、そのときの有害物質を含むシステム全体の処分・破棄の問題も考慮していく必要がある。風力発電もその設置問題があるだけでなく、空気の振動数の変異による健康被害もあるようだ。また風力の羽根部分は石油を必要とするプラスチック関係素材であり、支柱は鉄という金属資源であることも忘れてはならない。ソーラーも風力も再検証の余地が十分あることを認識すべきである。

ソーラーシステム、風力、電気自動車に共通する最大の問題は、いずれも蓄電によりエネルギーや電気を生み出すことが大前提となる点である。その蓄電の際にはたとえばリチウム電池などのバッテリーが必要なのである。確かにリチウム電池はかつての電池に比べ蓄電量も多く長持ちする最新技術の賜物と言える。しかしリチウム電池はリチウムだけではできない。コバルトやニッケルといった希少金属が不可欠なのである。その希少金属の起源は、コンゴ盆地の熱帯林地域（コバルト）やフィリピンなどのアジアの熱帯林地域（ニッケル）であることを知らなければならない。すでに述べたように、これら地下資源の採掘のために森林は皆伐され、そのためその地域の野生生物は駆逐され、先住民族は追い出され彼らの伝統文化も崩壊していく過程にあるのである。

そこまでして、こうした代替エネルギーの開発は必要なのであろうか。必要な希少金属の埋蔵量の査定だけではなく、代替エネルギーの需要に見合うための採掘に伴う森林破壊がもたらす二酸化炭素排出量のシミュレーションなど、そうした総合的な評価の上でバランスを考えていくことが、ソーラーや風力、電気自動車の大々的な開発の前に必要なのではないであろうか。

森林に依存してきた先住民族への配慮は、代替エネルギーの開発の是非を問うことと同じくらい忘れてはならない重要事項である。開発による保証金だけでは解決できない問題である。とりわけ一度失われた伝統文化はお金でより戻すことはできないからである。これは気象変動問題の有無にかかわらず、深慮しなければならない。SDGsでは「ひとりも残さず」がモットーである。SDGsに関わり代替エネルギーを主張する人は少なくないが、先住民族を取り残してまでのSDGsはあり得ないはずであることを肝に銘じてほしい。

ではなぜ代替エネルギーや電気自動車が、疑念の余地もなく普及されていくのだろうか。まずは以上で述べた、希少金属や先住民族にまつわる真実が「不都合な真実」として隠蔽されている点であろう。このため多くの人がこうした課題を知らない。一見すると、「エコ」に思えることが実は「エコ」ではない可能性があることに気付いている人はいったいどれだけいるであろうか。否、ひょっとしたら、代替エネルギーも電気自動車も、関連企業の生き残り戦略という企業論理に過ぎないと思えなくもない。あるいは、いまの便利で快適な生活を捨てたくないために、従来のエネルギーに変わるものを探し、途上国の現状を顧みない先進国主導による自己中心型の生活スタイルの現状維持にあるとすれば、まさに「エコ」ではなく、「ニセエコ」あるいは「エゴ」と言ってよいのかもしれない。

また最近、気象変動やエシカルなライフスタイルへの見直しに対して世界の中でも民度が低いと見られてきた日本でも、ようやく気候マーチの実施や気候非常事態宣言都市の設立を声高に謳うようになってきた。ただ問題は、そうしたマーチや都市宣言だけでなく、それを前提にどう具体的なアクションをしていくかが重要であろう。もしそうしたことに携わっている人々が、いまのライフスタイルを見直さず、いつでも携帯電話が使えて常に電力供給が保証されているような生活を維持しているあるいはそうしたいと無意識的に思っているとしたら、効果はほとんどないであろうと考える。

## 昨今のヨウムとマルミミゾウの動向とその利用国の対応

ワシントン条約（野生動植物の国際商取引を規制する国際条約）決議に基づき、野生のヨウムの国際取引は沈静化の傾向にあるようである。絶滅に向かっていたヨウムの頭数回復にはよい知らせであるように思われる。実際、コンゴ共和国北部での違法捕獲や違法取引に関する検挙数は減少傾向にある。日本国内のヨウムを販売するペットショップでも、あまりヨウムを見かけなくなった。

ただ現地での情報によれば、これまで取り締まりを強化していた地域での違法行為は減少してきたが、その外側の地域では依然としてヨウムへの違法行為が継続中であるという。今後、森林警察による取り締まりの地域を拡大していく必要があるが、それにはスタッフの増員や移動手段など装備面でのさらなるサポートが必要となってくる（これまで三年間クラウドファンディングによる資金サポートをしてきたが、二〇二〇年からは当方が理事の一人を務めるNPO法人アフリカ日本協議会への募金として継続するので詳細はそちらへ尋ねられたい）。

昨今、ペット目的の生体取引が容易でなくなったためか、奇妙な事件が起き始めている。違法に捕獲したヨウムを殺

頭部と胴体をバラバラにされたヨウム ©WCS

害し、頭部と胴体を切り離す。胴体部は獣肉として市場に回され、頭部は別用途の取引に使用されるという。頭部の使徒目的は不明であるが、最終的な行き先は中国であるという情報もある。

一方、象牙目的のマルミミゾウの密猟は、いまや国立公園内でも激化している。大きな湿地に阻まれていた国立公園内は安泰であったという以前とはまったく異なる状況である。これは、国立公園の外部では林業などの森林開発も相まって、頭数の減ったマルミミゾウの密猟が容易でなくなってきたということと関連しているのかもしれない。

ただ最近の情報では、象牙の現地末端価格が暴落し、以前の一〇分の一ほどにまで低落している。おそらくワシントン条約での推奨事案により各国での象牙市場の閉鎖しつつあるという事態と関係しているかもしれない。特に、象牙の最大市場であった中国が数年前よりそれを閉鎖してきたことが大きな要因である可能性がある。

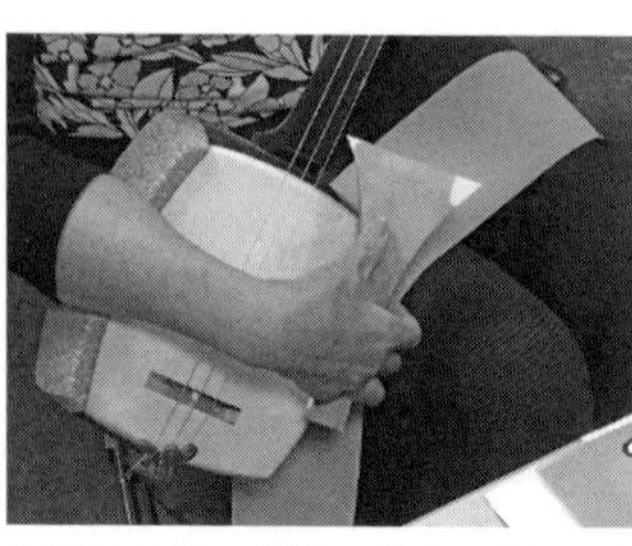

新素材を撥の先端に付けて（白い部分）の三味線の試演

中国の象牙市場の閉鎖に伴い、現時点で世界の中での最大の象牙市場保有国は日本である。日本政府は、象牙国内管理制度の厳格化により、密猟されたゾウ由来の違法象牙が日本国内に混入することはないとの主張から、いまだに象牙市場を開放している。すでに本書でも日本の象牙管理制度の問題点を指摘してきたが、いまだ本象牙から最終商品へ至るまでのトレーサビリティには難点となっており、違法象牙の混入がないことを証明する有効な手立てがないのが現状である。国際社会への信頼が問われている。

一方、本書でも言及した、特に日本の邦楽業界との連携で実施している、「ハード材」象牙に変わる新素材開発も、素材科学研究者の尽力で時間をかけて手がけているところである。日本の伝統芸能の存続にとって必要不可欠な課題であるため、われわれは二〇一九年から政府や関連省庁に積極的に働きかけ、新素材開発に必要な資金などのサポートも要請している。

## 健全な自然環境が人類をも健全にする

一日二回くらいは電車の中で必ず見る「人身事故」つまり大方の場合は「自殺が起こった」という意味の表示、そして尋常さをはるかに超える頻度で起こる昨今の親子間での殺害や無差別殺人。長年アフリカに出入りしてきた日本人であるぼくが日本に来るたびごとに驚愕する事柄のひとつだ。先住民族ピグミーに、こうした話をしても信じてもらえない。「高度技術社会で、安定・便利で快適な生活ができて、高等教育も行っている日本でそんなことが起きるわけがない」と。その一方、そうした日本のような生活とは従来は無縁なピグミーの社会で自殺者があったと現時点まで聞いたことがない。争いごとはあっても殺人に至るケースはごく稀である。個々の間の対等主義を規範とする彼らの社会であるからこそ、精神的平衡の喪失の大きな原因となる社会的格差やストレスとは程遠いのかもしれない。

一方、アフリカの熱帯森林の中にいるときの快適さや心地よさはぼくにとってはかけがえのないものであった。ピグミーの歌や踊りに接しているときも、似たような感覚を持ってきた。いったいなんなのか？　森とそうした先住民族の音楽に共通性はあるのだろうか？　いや、アフリカに行く前に訪れたインドネシア・スマトラ島の森でも、またその折にジャワ島やバリ島で聞いたガムランやケチャでも同じ感覚に接したことも思い起こす。

その長年の疑問に答えを求めてきた人物がいた。音楽家であり、民族音楽学者、音響学者、生理学者、分子生物学者、脳医学者でもある大橋力氏である。氏は、世界各地の熱帯林の環境音や民族音楽などを現地にて録音・分析しながら、分野を超えた包括的な研究を統合してきた偉大な科学者である。氏は山城祥二という名前で芸能山城組という芸能集団を四〇年以上指揮してきた人物でもあった。「森林環境音やピグミーなどの民族音楽には通常人間の耳では聴こえない超高周波の成分が含まれており、それが人間の生存にとって基幹的な役割を担っている間脳・中脳や〝基幹脳ネットワーク〟を刺激し、〝報酬系回路〟の活性化を反映して美や快感、感動など心身にもたらす一連のポジティブな効果をもたらす」という氏の、超分野研究の賜物＝ハイパーソニック・エフェクトの理論と実証にあらためて驚異の意を禁じ得なかった。

アフリカの熱帯林は人類発祥の地であると同時に、豊かに超高周波音源を含む環境の中で歌と踊りを演じるピグミーの住処でもあることを忘れてはいけない。人類にとってごく当たり前に必要不可欠である健全な心身を何百万年の人類の歴史の中で育んできた場所の保全は喫緊の課題であると理解するのは困難でないはずである。仮に人類がその超高周波を早期の時点で失っていたら、ハイパーソニック・エフェクトによる正常な代謝を保持できずストレスなどのために人類は絶滅していたかもしれない。自然界の存在そして超高周波の存在は、われわれ現生人類の存在の根本にあるとも言えるのである。ストレスを起因とする現代病にかかる現代人。心の崩壊に伴いとどまるところのない日常的な自殺や異常な殺人。そうした健全には見えない社会を見渡した時に、超高周波を伴う音や音楽への探求と関心は、よりよい人間社会のためにも、そして今後の人類の存続にとって必須なものであろう。そのためにも自然環境の保全は大前提であり、ピグミーのような森林依存の先住民族も生きながらえることができ、その超高周波を含む音楽も存続していく。

ぼくも二〇一七年から芸能山城組に関わってきている。超高周波成分が著しいケチャの踊りやガムランやジェゴグという打楽器、スリンという竹の笛がほんの少し演奏できるようになったばかりでなく、ジョージアの合唱などにも関わってきている。日本の都会の中ではなかなか獲得できない超高周波体験を自ら体得し、そしてそれを少しでも多くの日本人にシェアしていくためである。

## 最後に

ふだんなら大雨などが降らない大乾季なのに、大雨が降っている。大乾季で雨が降らないと見込んで、朝早くから植物採集などで森に出かけていったピグミーの女性陣。彼女たちの帰りを待つ男性陣はその帰りを心配している。「あー、いまごろ、みんな森の中で予期しなかった強い雨に打たれているだろうなあ」と。気温の低い大乾季の雨は冷たく、雨具のないピグミーのそうした悲しい光景は、これからももっと増えていくのであろうか？

# エピローグ

## カッチーニのアベマリア

二〇一三年の三月、ぼくは一時帰国の際に東京で催された友人の写真展を訪れた。その二年前に起こった東日本大震災に伴う原発事故で、荒地となった福島の街を撮った写真である。展示会の最終日で室内楽も催された。その音楽は放射能のため誰も住めなくなった福島の街や原発事故を誘因した人間の愚かさをえぐり出し、また人間の存在の悲しみを彷彿させるようなものであった。特にカッチーニ作曲のアベマリアという曲におけるヴァイオリンの哀調の調べが、地震・津波という天災の前に人間がいかに弱い存在であり、かつ、その上に原発事故という人災が襲いかかった猛威に人間がいかに無力であったかを伝えていた。

その曲は初めて聴いた曲であるにもかかわらず、ぼくに強烈な感情を表出させた。ぼくがアフリカの現場で日常的に目にしている、人間の犠牲となっている野生のゾウの優しい目をも同時に思い出させたのだ。象牙目的の密猟は後を絶たず、絶滅の日も遠くないマルミミゾウの目だ。

我々の努力では抑えられないほど溢れ出る人間の欲とその根底にある悲哀さ。それは原発でもあり密猟だ。しかもその実情が、われわれの知る拠り所であるはずのメディアから発信されていない。不十分な情報か、場合によってはすでに粉飾あるいは一部が隠蔽された情報でしかない。いまやインターネットの発達で、情報は一層氾濫し、どこに信頼すべき情報があるのか、見分けがたい事態となっている。思い込みの強い、あるいはステレオタイプの好奇心のみに満ちた報道や表層的な記事が目立つばかりである。メディアからの情報がなく、学校教育でもそうしたことを教わる機会が皆無に近い市民は、ましてや真相を知る由もない。

日本人には、古来より日本列島における自然環境や身近な野生生物を尊重し、愛でるといった習慣や伝統が根付いている。それは、富士山を崇め、春には桜、秋には紅葉を楽しみ、庭園、華道、盆栽などを通して自然界を模倣したものを身近に置き、昔話や和歌・俳句では、自然界のものや野生動物が親しみのある存在として登場することなどからも窺える。われわれ人間は自然界の一員であり、その自然界すべてのものに敬いと慈しみを持つといった日本人固有の自然観。その背景には仏教などの宗教があるのかもしれないが、自然界全体を尊重する姿勢、さらにいえば自然界との共存原理というものに繋がっていくと思われる。

しかしここでハタと思考が止まってしまう。日本人による大量の象牙利用によるアフリカゾウの激減、鯨肉利用を盛んにしたための遠洋での鯨類頭数の減少、海外からの違法木材を輸入した結果である海外の森林の破壊などはどう説明するのか。日本人の従来の自然観と日本人による野生生物（あるいはその身体の一部）の過剰利用との間に、大きなギャップがあることが露呈する。自然環境や野生生物に関して、国外で起こっている事情について日本人は疎いからであろうか。あくまで利用優先の対象であり、自然界やそこに生息する野生生物の生存価値は実はあまり考慮されていないということなのか。

大多数の日本人にとって、世界各地の野生生物やその生息地、生態系やその現状についての情報が欠如しているのは事実だ。自然保護NGOにも研究者にも学校教育にも動物園にもメディアにも、そうした的確な情報提供の場ができあがっていない。したがって野生生物を利用するということと、それによって野生へ影響が及ぶということの両者の間が容易に繋がらず、世界規模での自然の保全という大きな視野での発想が生まれにくい土壌にあるといえる。

ぼくが梓澤和幸弁護士にお会いできたのは、そうした日本のメディアや日本人の保全に対する感覚の乏しさという課題に直面していた時期であった。梓澤先生は原発の写真展を開いたぼくの友人である写真家のよき理解者であり、しかもぼくの心を震わせたカッチーニのアベマリアでヴァイオリンを演奏されていた方の父親でもあった。その梓澤先生に「ぜひ日本人に保全の課題を伝えていってほしい」とのお言葉をいただき、NPJ（News for the People in Japan）にて連載記事を書く機会を提供された。さらにその書籍化に向けて現代書館の社長・菊地泰博氏まで紹介していただいた。この書籍が日の目を見たのは、連載記事の元原稿の精読や編集に尽力していただいたNPJのスタッフ、書籍の文章の編集から校正に至るまで懇切丁寧に指導・叱咤激励してくださった現代書館の山本久美子氏のお力添えなしでは不可能であった。そして、これまでのアフリカでの生活や仕事を支えてくださった家族、友人・知人、京都大学の方々、WCSのスタッフの諸氏、そして何よりもアフリカ現地の大勢の仲間の温かいご理解とご支援があったことを忘れてはいけない。また、書籍の中の写真の何枚かは撮影者のご厚意により使わせていただいた。さらに書籍の推薦文の執筆には、京都大学総長でぼくの大先輩でもある山極壽一氏から迅速なご快諾を頂戴した。この場を借りて、皆さんに感謝の意を申し上げたい。

そうして完成したのがこの書籍である。これまでの長い年月にわたる経験を踏まえたアフリカ現場の事情を、日本人という立場から様々な角度で読者の皆さんにご紹介できていればと願うしだいである。

## ホタル・もう一度

ぼくの父が鬼籍に入った二〇〇二年のことである。父の病状悪化を知りながらコンゴ共和国の森の中で、ぼくは日本のテレビ隊と仕事をしていた。「父のことが気がかりだろうけど、メディアとの仕事を中途半端にせず最後まで全うし、よい番組を提供できるようにしたらいい」と母は衛星電話でぼくに繰り返した。その日の晩、ぼくが森の暗闇の中でひとり座っていたとき、とても奇妙なホタルが舞い寄ってきた。ぼくの目の前を何回も周回して、ぼくのそばをずっと離れない。その四、五日後に日本に戻ったぼくが出会ったのは、もはやものを語らぬ父の姿であった。

あたかもそのホタルは、父の魂と共にはるばるコンゴの森まで来て、ぼくに最期の挨拶をしたかのように思えてならなかった。そのときの心地よい夜気。聞こえてくる虫の音。樹冠の間から光をのぞかせる星たち。そして空高く舞うホタル。先住民の話し声はほとんど気にならず、むしろ自然界の音楽のように流れていた。この世界をなくしてはいけない。失われてほしくない世界。ぼくのためではない。研究者のためでもない。否、保全家のためでもない。この総体、そこに書かれた偉大な叙事詩『自然のシナリオ』のためである。

みんな生きている。見よ！　すべての野生生物を！　動物ならみんな必死に何かを求めている！　植物なら伸びようとする息吹！　少なくとも、それらは積極的に死を求めているとは全く見えない。その生と生とが絡み合い、複雑な幾層にもなる関係を持ち、全体のシステムのバランスを保っている。そのバランスを保つ過程で、突然の環境変異によって、あるいは長い年月をかけての自らの変化・変貌に応じて、生き続けるものは生き残り、進化するものは進化し、死に絶えるものは絶滅してきた。それは自然のもの、そして自然にしかわからない〝自然のシナリオ〟であったし、いまもそのシナリオは継続中のはずである。

人もそのシナリオの一部だった。しかし人はやがてもう二度と元に戻らないほど大規模に自然を破壊してきた。そんな中、自然も何とかバランスを保ちながらシナリオを軌道修正しているにちがいない。しかしそのバランスの軋みが激しくなれば、いかなることが起こるだろう。保全の仕事というのは、自然が持つシナリオを書き換えることではない（それは不可能だ）。できることは人間が自己規制することである。そして自然独自のシナリオへの影響を最小限にすること、それは人間の諸活動とのバランスをとりながら野生生物や自然を守ることにほかならない。

ホタルが信じがたいくらい森にいる。そこには人間の欲望も悪気もない。地上にいくつも光をちりばめている。灌木に幾多ものホタルがまばゆい光を発する。星と同じ大きさの光で、空高く浮遊する。まるで満天の星々に溶け込むように。それは素朴でゆるぎなく、ただそこにあるのである。

たかがアフリカ熱帯林、されどアフリカ熱帯林。

完

# 参考文献

市川光雄（1982）『森の狩猟民――ムブティ・ピグミーの生活』人文書院
山極壽一（1984）『ゴリラ――森に輝く白銀の背』平凡社
西原智昭など共著（2006）「来園者の発話分析からみた動物園保全教育のあり方」『野生生物保全教育入門――生物多様性を未来に伝える』（NPO法人野生生物保全論研究会監著）少年写真新聞社
西原智昭など共著（2006）「アメリカのNGO WCSの保全教育プログラム」『野生生物保全教育入門――生物多様性を未来に伝える』（NPO法人野生生物保全論研究会監著）少年写真新聞社
田中悠美子・野川美穂子・配川美加編著（2009）『まるごと三味線の本』青弓社
西原智昭など共著（2010）「マルミミゾウ（象牙の取引）」『改訂 生態学からみた野生生物の保護と法律』（財団法人日本自然保護協会編）講談社
谷口正次（2011）『教養としての資源問題――今、日本人が直視すべき現実』東洋経済新報社
西原智昭訳（2012）『知られざる森のゾウ――コンゴ盆地に棲息するマルミミゾウ』（ステファン・ブレイク原著）現代図書
西原智昭（2014）「象牙問題」『世界民族百科事典』（国立民族学博物館編）p.p. 638-639 丸善出版
西原智昭解説（2015）『エボラの正体――死のウイルスの謎を追う』（デビッド・クアメン著）p.p. 187-196 日経BP社
西原智昭（2016）「森の先住民、マルミミゾウ、そして経済発展と生物多様性保全の是非の現状」『アフリカ潜在力 第5巻 自然は誰のものか――住民参加型保全の逆説を乗り越える』（シリーズ総編者 太田至／編者 山越言・目黒紀夫・佐藤哲）京都大学学術出版会

尾本恵市（2016）『ヒトと文明――狩猟採集民から現代を見る』ちくま新書
真鍋真（2017）『深読み！ 絵本「せいめいのれきし」』岩波書店
西原智昭（2017）「アフリカの野生生物の問題はアフリカだけの問題ではない」『「アフリカ」で生きる。――アフリカを選んだ日本人たち』（ブレインワークス編著）カナリアコミュニケーションズ
田谷一善編著（2017）「第4部 象牙の問題 狙われ続けるゾウ」『ゾウの知恵――陸上最大の動物の魅力にせまる』p.p. 168-171 SPP出版
西原智昭（2017）「メディアが目指すのは「事実」よりも「新奇・好奇」なものなのか――アフリカ熱帯林におけるマスメディアとの体験より」『FENICS 100万人のフィールドワーカーシリーズ第6巻』（椎野若菜・福井幸太郎編）古今書院

# あとがき～増補改訂版に向けて

紙媒体の書籍の売れ行きがあまり良好でない世情で、特に若い世代の本離れが聞かれる昨今、出版からほぼまる二年を迎えて拙著の初版がほぼ完売となるに至りました。これは出版社による拙著の告知や、小生の講演会などの折に積極的に書籍の販売に尽力していただいた現代書館の金岩宏二氏、中澤厚氏ほかスタッフの方々による賜物であります。

増補改訂版を迎えるにあたって、新たに加筆もさせていただきました（第12章）。目まぐるしく変わっていくご時世の中で、また小生自身も昨今講演会やあちこちでの雑文などで語っている、森林消失との関連での気象変動の問題だけでなく、それと強く関わる先住民族の問題、ヨウムやマルミミゾウの現地での動向、最近騒がれてきているエボラ、代替エネルギーや電気自動車開発の是非、ライフスタイル見直しの課題などについてまとめましたので、ご一読願えればと存じます。

増補改訂版の出版にこぎ着けてくれた現代書館の菊地泰博社長および加筆分の編集を担当していただいた雨宮由李子氏にあらためて感謝の意を表する次第です。

最後に私事でありますが、一九八九年から一〇年間の京都大学大学院の研究者時代、そのあとの二〇年間に渡るＷＣＳ（Wildlife Conservation Society；詳細は七ページ「プロローグ」の末尾を参照のこと）のもとで国立公園管理や野生生物・熱帯林生態系保全などの実務の時代を経て、昨年二〇一九年でアフリカに出入りしてちょうど三〇年の月日が経ちました。その三〇年という節目と同時に、日本にひとりで住む母のお世話など家族の事情も相まって、WCS自然環境保全研究員として二〇一九年より日本を拠点にし始めることにしました。幸い、二〇一九年一一月より星槎大学共生科学部の特任教授というポストに就くことができました。これもこれまで長い間お世話になってきた様々な方の支えがあったからこそで、ここであらためてお礼を申し上げます。

今後は日本を拠点とする形で、ときおりアフリカなど諸外国のフィールドに赴き、常に現場の状況に触れながら、これまで関わってきた分野などの情報収集に努めたいと考えます。同時に、星槎大学のみならずそれが属する星槎グループの中の中高などでも、若い世代の人たちに対してこれまでの経験に基づいた情報を提供し、今後人類を自然環境を地球をどうしていくべきなのかをともに考えていくような機会を作っていきたいと思っているところです。引き続き、みなさまからの暖かいご支援・ご指導のほど、どうぞよろしくお願いいたします。

二〇二〇年三月吉日

星槎大学共生科学部特任教授
西原智昭

**西原智昭**（にしはら・ともあき）

一九八九年から三〇年以上、コンゴ共和国やガボンなどアフリカ中央部熱帯林地域にて、野生生物の研究調査、国立公園管理、熱帯林・生物多様性保全に従事。国際保全NGOであるWCS（Wildlife Conservation Society; ニューヨークに本部があり）の自然環境保全研究員。NPO法人アフリカ日本協議会・理事。京都大学理学部人類進化論研究室出身、人類学専攻、理学博士。現在、星槎大学共生科学部特任教授。詳細はhttps://doctor-nishihara.com/を参照。現在の最大の関心事は、（1）人類の起源と進化、野生生物・森林生態系および地球環境保全、（2）生物多様性と文化多様性の保全のバランスへ向けた模索、（3）「ヒトの原点の生き証人」「自然環境保全の先駆的担い手」としての先住民族の再価値付け、（4）エシカルライフへ向けた見直しへの提言、そして（5）これらに関しての情報提供と教育普及である。

著書に、翻訳『知られざる森のゾウ――コンゴ盆地に棲息するマルミミゾウ（ステファン・ブレイク原著）』（現代図書、二〇一二年）、共著「森の先住民、マルミミゾウ、そして経済発展と生物多様性保全の是非の現状」『アフリカ潜在力第5巻 自然は誰のものか――住民参加型保全の逆説を乗り超える』（京大出版、二〇一六年）、共著「アフリカの野生生物の問題はアフリカだけの問題ではない」『「アフリカ」で生きる。――アフリカを選んだ日本人たち』（カナリアコミュニケーションズ、二〇一七年）、共著「マスメディアが目指すのは「事実」よりも「新奇・好奇」なものなのか――アフリカ熱帯林におけるマスメディアとの体験より」『FENICS 100万人のフィールドワーカーシリーズ第6巻』（古今書院、二〇一七年）など。

〔増補改訂版〕コンゴ共和国 マルミミゾウとホタルの行き交う森から

二〇二〇年三月十八日　第一版第一刷発行

著　者　西原智昭
発行者　菊地泰博
発行所　株式会社 現代書館
東京都千代田区飯田橋三―二―五
郵便番号　102-0072
電　話　03（3221）1321
F A X　03（3262）5906
振　替　00120-3-83725

組　版　具羅夢
印刷所　平河工業社（本文）
　　　　東光印刷所（カバー）
製本所　積信堂
装　幀　伊藤滋章

校正協力・高梨恵一／地図製作・曽根田栄夫

 ISBN978-4-7684-5877-8



http://www.gendaishokan.co.jp/